电子封装技术专业学术专著

微电子系统热管理

张旻澍　谢　安　莫　垄　冯　玲　林建平　著

西安电子科技大学出版社

内 容 简 介

　　本书系统地介绍了如何将传热学知识应用到微电子系统的散热设计与管理中,重点阐述了热工程师解决热问题的工程逻辑,引导读者由浅入深地完成学习。全书共分8章。前3章介绍传热学的基本知识,通过绘制热图像的方式引导读者理解导热微分方程背后的物理意义。第4、5章讲述如何从定性热分析过渡到半定性半定量分析,即采用热阻网络的方法分析微电子工程、工艺中的热问题。第6章介绍有限元方法的特点以及如何开展正确的数值分析。第7章介绍常见的热测量方法。第8章介绍非稳态导热问题。

　　本书适用于本科生、研究生阶段的教学,适用专业包括微电子技术、电子封装技术、微机电工程等与微电子制造相关的专业。

图书在版编目(CIP)数据

微电子系统热管理/张旻澍等著 . —西安:西安电子科技大学
出版社,2019.7
ISBN 978 - 7 - 5606 - 5320 - 4

Ⅰ. ① 微… Ⅱ. ① 张… Ⅲ. ① 微电子技术—散热—研究
Ⅳ. ① TN4

中国版本图书馆 CIP 数据核字(2019)第 098798 号

策划编辑　邵汉平
责任编辑　王　静
出版发行　西安电子科技大学出版社(西安市太白南路2号)
电　话　(029)88242885　88201467　　　邮　编　710071
网　址　www. xduph. com　　　电子邮箱　xdupfxb001@163.com
经　销　新华书店
印刷单位　陕西天意印务有限责任公司
版　次　2019年7月第1版　2019年7月第1次印刷
开　本　787毫米×1092毫米　1/16　印张　12.5
字　数　292千字
印　数　1～3000册
定　价　45.00元
ISBN 978 - 7 - 5606 - 5320 - 4/TN

XDUP 5622001 - 1

＊＊＊如有印装问题可调换＊＊＊

前　言

　　早在高中物理的学习中，我们就知道热学是物理学的一个分支。高中物理介绍了热学的一些基本常识，例如温度、熵、能量的概念，再通过一些基本假设，可以运用高中数学的公式进行简化计算。然而，上述这些对于认知三维世界中的热现象是远远不够的。热学的本质是研究物质处于热状态时的有关性质和规律，它起源于人类对冷热现象的探索。在大学学习阶段，根据不同专业的不同培养要求，热学的学习也有所侧重，有的以传热学为主，有的以热力学为主。二者都属于热学研究的范畴，但又有所区分。传热学(Heat Transfer)是研究由温差引起的热能传递规律的科学。热力学(Thermodynamics)是从宏观角度研究物质的热运动性质及其规律的科学。简单说，前者是研究热场，即温度(T)是如何随时间(t)和空间(x, y, z)变换的；而后者是研究热能，即热能量(Q)是如何与其他形式的能量进行转化的。对于工程应用而言，前者更偏向厘清热传递的过程，后者偏向计算能量的最终状态。

　　那么，微电子系统的热管理应当侧重哪一方面的热学知识呢？众所周知，20世纪90年代开始至今，消费类电子产品已经从功能类工具演变为人们生活必不可缺的通信消费产品。微电子系统在生产和使用的过程中，存在着大量的热现象，其核心热源就是芯片。当电流经过芯片时，大部分电能转化为热能，并以封装体为载体导出系统，最后至外界。如果系统的散热效果不好，电子产品的热场(特别是与人接触的部分)可能会超过人类感知温度的上限(47℃)，从而发生烫伤等事故；而超过材料的温度极限(125℃)，就会造成电子产品失效，严重的还会引起锂电池爆炸。此外，由于变温引起的机械失效、电失效和腐蚀失效等，同样会对产品的质量和可靠性带来严重影响。因此，在电子产品的设计和制造中，更为关注的是热量的传递。微电子系统热管理的核心任务就是使热场在电子产品的物理空间内合理分布。

本书系统地介绍了如何将传热学知识应用到微电子系统的散热设计与管理中,重点阐述热工程师解决热问题的工程逻辑,引导读者由浅入深地分四个阶段完成学习。第一阶段(第 1~3 章)教授传热学的基本知识。第二阶段(第4、5 章)教授如何从定性分析到半定性半定量地采用热阻网络的方法分析微电子工程中的热问题。第三阶段(第 6、7 章)教授如何利用数值方法定量分析微电子工程中的热问题,并结合实验手段验证仿真结果。第四阶段(第 8 章)介绍非稳态导热问题。本书的内容适用于微电子技术、电子封装技术、微机电工程等与微电子制造相关的专业。

本书初稿完成之后,华中科技大学、哈尔滨工业大学、西安电子科技大学等兄弟院校的部分教师对本书进行了审定,提出了许多宝贵意见;定稿时,作者根据这些意见做了修改。本书的撰写和最终出版受到如下基金项目的资助:① 2017 年福建省网络精品课程项目;② 2017 年福建省高等学校创新创业教育改革项目;③ 厦门理工学院专著(教材)基金项目;④ 2018 年福建省本科高校重大教育教学改革项目(FBJG20180339)。本书的顺利出版首先要感谢西安电子科技大学出版社邵汉平编辑及其同事的辛苦付出。同时,作者要感谢厦门理工学院的领导和同事一如既往的鼓励和支持。此外,作者还要感谢香港科技大学先进微系统封装中心、香港应用科技研究院、亚马逊中国、宸鸿科技集团(TPK)、晶宇光电(厦门)有限公司、福建省富顺光电有限公司等企业专家提供的宝贵意见。

限于作者的学识水平,书中难免会有不当之处,恳请广大读者批评指正,作者将不胜感激。

张旻澍

2019 年 2 月于厦门集美

目　　录

第1章　绪　　　论

本章包含 3 节，先介绍热管理的任务与流程，后引出传热学和热管理的基本概念。

1.1　热管理概述

电子产品的"一生"经历了产品设计、生产制造、工作使用、拆解回收等几个阶段。除了产品设计，其他几个阶段都伴随着热现象。由于内热源、外部环境等不同，每一阶段的散热管理需分别考量[1]。在生产制造阶段，电子产品本身没有内热源，在经历高温加工（例如回流焊、波峰焊）的过程中，产品被动地承载来自外部的热量。因此，保证电子材料在短时间的高温工艺下不失效是该阶段热管理的主要任务。同样的，在拆解回收阶段，电子产品也没有内热源，它被动地承载来自外部的热量。因此，保证被拆解器件在高温拆解后仍然能够正常使用是该阶段热管理的主要任务。在工作使用阶段，电子产品既有内热源（芯片），又有外部的热环境变化。因此，控制热场在电子产品的实体空间内合理分布，保证温度不会引起烫伤、自燃等事故，延缓变温对于产品寿命的影响，是该阶段热管理的主要任务。统筹考量各阶段的热管理任务，将散热解决方案融入电子产品的热设计中，才能有效提升电子产品乃至整个系统的散热性能。

一套完整的热设计流程大致包含五部分[2]：散热需求提炼、定性评估、半定性半定量评估、定量评估和实验验证。首先，从工作条件、使用环境和可靠性要求入手，提炼产品主要的散热需求。工作条件指的是产品的功能定位、工作负载和使用频率。比如两种电子元器件，其功能分别是逻辑运算器件和存储器件，前者的运算能力要求高意味着工作中的负载或者功耗就高，即更多的电能被转化为热能，所以前者的散热需求比后者更加强烈。使用环境指的是产品在正常工作和休息中的外部热环境。比如在严寒地区、沙漠地区，昼夜温差变化大，必将严重影响产品的热场分布和整体变温。可靠性指的是产品寿命，热以及变温引起的热应力是影响产品衰老的重要因素，所以设计产品的使用寿命时就必须考虑其散热需求。

其次，从工程常识入手，初步判定产品的整体散热性能并给出散热初选方案，即定性分析。工程常识指的是工程师对于电子制造领域的常识性认知，包括封装结构和所选材料等。工程常识类似于人们的生活常识，比如生病发烧，人们总是先用手摸下额头，初步判断发热严不严重，然后再用体温计进一步测量体温，没人会用复杂的测温仪去测量，或者用数学公式去计算体温。同理，仍然是上述逻辑运算器件和存储器件的例子，逻辑芯片一般采用 BGA（Ball Grid Array，球栅阵列）的封装方式，因为 BGA 在单位面积内可提供的 I/O 数远远超过 QFP、QFN、SOP 等封装方式，所以为了满足逻辑芯片运算的需要，逻辑运算器件总是采用阵列式封装[3]。但是从 BGA 的基本结构和选材可以知道，有机基板作衬底的器件其散热效果很差，因为有机材料的导热系数（0.1～1 W/(m·K)）远远低于铜的导热系数(389 W/(m·K)),所以采用 BGA 方式封装的逻辑器件的散热性能总是要比以铜为衬底的存储器件差很多。通常情况下,在同一块 PCB 上工作的多数器件,只有 CPU 或者 GPU 等逻辑器件组装了散热器和热风扇,而存储器件则都"轻装上阵",如图 1-1和图 1-2所示。需要说明的是,在图 1-1中,由于现实中散热片和风扇的遮挡,很难在 PCB 上直接观察到 BGA 器件,所以图示中的前两张图移除了散热片和风扇部分。综上,从电子封装的工程常识出发,散热工程师可以定性评估初步的散热解决方案。定性分析和判断是必不可少的环节,它需要工程师对封装结构、工艺、材料都有一定的认知。针对封装结构、工艺和材料的热相关知识介绍将在第 4 章展开。

　　BGA器件底部　　　　　　　PCB上的BGA器件　　　　　　BGA器件与顶部的散热片
　　　　　　　　　　　　　　　（散热片和风扇已拆除）

图 1-1　典型逻辑运算器件的封装

　　　　　QFP器件外观　　　　　　　　　　　　PCB上的QFP器件

图 1-2　典型存储器件的封装

　　再次,热工程师运用传热学知识并结合工程经验开展进一步分析,即半定性半定量分析。例如,BGA 器件的核心发热源是芯片,由于封装体的长、宽要远大于其厚度,所以芯片上的大部分热量都是向上或向下传递到外界的。基于上述情况,可以假设热量只在封装体内做一维热传递,那么根据热阻的定义和 BGA 的封装结构可以绘制出热阻网络,通过计算 BGA 器件的热阻来进一步评估其散热性能,如图 1-3所示。该例子中简化计算模型的技巧即为工程经验,热阻网络即为传热学知识。如何更多、更合理地应用工程经验去简化复杂的热问题,简化条件的取舍对于热评估的影响程度等工程应用问题将在第 5 章中全面展开。

　　随着当代计算机水平的突飞猛进,在半定性半定量分析后,工程师通常还利用数值分析方法计算产品的热场,再次验证之前的散热方案并提出优化办法。工程中的定量热分析一般借助商用仿真软件平台,因为封装的内部结构复杂且不规整,基本无法应用传热学的传统知识进行理论推导与运算。仍然沿用上述 BGA 器件的例子，虽然在半定性半定量的分析中已经评估了器件的热阻，但这毕竟是个简化的一维问题。在时间、经费等甲方的需求下以及实际工作中，一个三维热仿真往往是精确评估微电子系统热场的必要途径。热仿真具体包括几何建模、模型简化、材料参数与载荷添加、数据分析与结果绘图等，如图 1-4 所示。具体的数值软件介绍、使用操作和案例分析将在第 6 章展开。

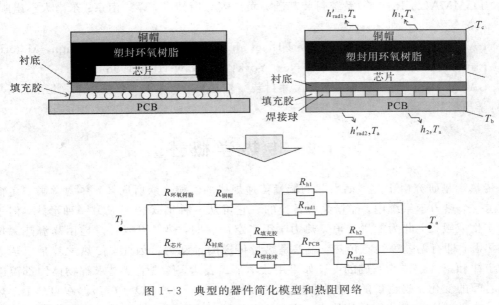

图 1-3　典型的器件简化模型和热阻网络

器件的有限元建模　　　　　　　　热分析结果（热云图）

图 1-4　典型的封装热仿真

最后，将仿真结果与实验相比较，验证方案的可行性与可靠性。一些典型的热实验包括热电偶的单点测温、红外仪的外表面测温等（第 7 章的内容）。总结来说，热设计过程就是利用恰当的传热技术来有效冷却电子设备。然而，热设计过程不只是一次设计，热工程师提出的热设计方案不是一劳永逸的，它始终贯穿产品设计的全过程。热工程师应当全程参与产品设计，提出电子产品热范围内可以接受的机械与电气布局方案，判断设计调整后产品是否还能被合理冷却，或者提出顺应设计调整后的热设计建议。

☞ **讨论**

1. 电子产品如手机、平板电脑、笔记本电脑等，使用一段时间后会感觉到它们在发热吗？请列举你的生活体验。

　　2. 为何电子产品会发热呢？请描述你认为的发热理由。假如你是一位散热工程师，你要如何去评估它们是过热、比较热还是正常？

☞ 参考文献

[1]　TUMMALA R R. 微系统封装基础. 黄庆安. 唐洁影，译. 南京：东南大学出版社，2005.

[2]　LAU J H, WONG C P, Prince J L, et al. Electronic Packaging：Design, Materials, Process, and Reliability [M]. New York：McGraw-Hill, 1998.

[3]　LAU J H, LEE S W R. 芯片尺寸封装. 贾松良，王水弟，蔡坚，译. 北京：清华大学出版社，2003.

1.2　传热学概述

　　传热学是研究由于温差而引起的能量传递规律的学科。众所周知，热力学第一定律表明，在一个热力学系统内，能量是可转换的。它可从一种形式转变成另一种形式，但不能自行产生或毁灭，此为能量守恒。热力学第二定律表明，热量可以自发地由高温热源传给低温热源，即有温差就会有传热，温差是热量传递的推动力。因此，传热学就是以热力学第一定律和第二定律为基础的[1]。如果用数学公式表达，传热学就是求解物体内部温度分布随时间的变化、放热量随时间的变化，即 $T = f(x, y, z, t)$，$Q = f(t)$。在自然界，热量传递的三种基本方式分别是热传导、热对流和热辐射。实际的热量传递过程都是以这三种方式进行的，或者只是以其中的一种进行，但很多情况都是以两种或三种热量传递方式同时进行。

1. 热传导

　　热传导通常也称作导热，它是指在物体内部或相互接触的物体表面之间，由于分子、原子及自由电子等微观粒子的热运动而产生的热量传递现象。导热依赖于两个基本条件：一是必须有温差，二是必须直接接触（不同物体）或在物体内部传递。导热现象既可以发生在固体内部，也可以发生在静止的液体和气体之中。在气体中，导热的机理是气体分子因不规则热运动时的相互碰撞而传递能量；在固体中，导热机理是：在导电的固体中自由电子的运动是主要的导热方式，在非导电固体中晶格振动是主要的导热方式；而液体的导热机理则比较复杂，有兴趣的读者可以参考文献[2]和[3]。通常情况下，本书只讨论在固体内的导热。液体和气体只有在静止的时候（没有了液体或气体分子的宏观运动）才有导热发生。在实际生活中，导热的快慢和材料种类、厚度及温差等因素相关。以一维问题举例来看，一块平面板两侧有稳定而均匀的温度，其长、宽远大于其厚度，因此热量 Q 只能沿厚度 x 方向传递，且不随时间变化，那么图 1-5 中的导热热流量可以用下面的公式来计算：

$$\dot{Q}_{cond} = \frac{Ak}{L}(T_1 - T_2) \tag{1-1}$$

式中，$\dot{Q}_{cond}$ 是单位时间内传递的热量，称为热流量，单位为 W；A 是导热物体的表面积（yOz 平面）；k 是材料的导热系数或称导热率，单位是 W/(m·K)；L 是物体的厚度；T_1

和 T_2 是板子两侧的温度。其中的导热系数 k 是一种材料参数，其数值的大小反映了物体导热的能力，k 越大它的导热能力越强。式（1-1）还可以改写成

$$\dot{Q}_{cond} = \frac{(T_1 - T_2)}{\dfrac{L}{Ak}} = \frac{(T_1 - T_2)}{R_{cond}} \qquad (1-2)$$

式中，$R_{cond} = L/(Ak)$ 称为导热热阻，单位为 K/W。

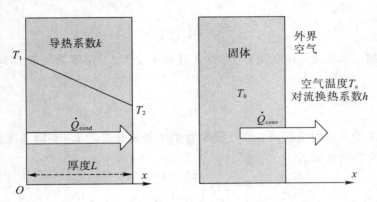

图 1-5 热传导和热对流示意图

2. 热对流

热对流是指由于流体的宏观运动，不同温度的流体相对位移而产生的热量传递现象。对流只能发生在流体中，且一定伴随着流体分子的不规则热运动产生的导热。当流体流过一个固体表面时，由于流体具有黏性，因此附着于固体表面的很薄的一层流体为静止的，在离开固体表面的方向上，流体的速度逐渐增加到来流速度。这一层厚度很薄、速度很小的流体称为边界层。在边界层内，流体与固体表面之间的热量传递是边界层外层的热对流和附着于固体表面的静止的边界层底层的流体导热两种基本传热方式共同作用的结果，这种热现象在传热学中称为对流换热。对流换热按流动起因的不同分为自然对流和强迫对流两种。同样以一维问题举例来看，一块无限大平板（热量沿 x 方向传递），边界温度为 T_0，平板外界是空气，空气的温度为 T_a，其中 $T_0 > T_a$，如图 1-5 所示。对流换热的计算可以由如下公式表达：

$$\dot{Q}_{conv} = Ah(T_0 - T_a) \qquad (1-3)$$

式中：$\dot{Q}_{conv}$ 是单位时间内的对流热量；A 是换热表面积；h 是该界面的对流换热系数，单位是 $W/(m^2 \cdot K)$。对流换热系数 h 是对流换热问题的核心，它受多种因素的影响，包括流体的物理性质，换热表面的形状、大小和布置方式、流速等。通常，液体对流换热系数比气体大几个数量级；流速高的液体的换热系数较大；物体表面与物体之间的温度差或重力加速度较大，那么自然对流换热系数则较大。同样可以将式（1-3）改写为

$$\dot{Q}_{conv} = \frac{T_0 - T_a}{\dfrac{1}{Ah}} = \frac{T_0 - T_a}{R_{conv}} \qquad (1-4)$$

式中，$R_{conv} = 1/(Ah)$ 称为对流换热热阻，单位为 K/W。综合式（1-2）和式（1-4）来看，类似于电学中电阻等于电压除以电流的概念，热阻等于温差除以热流量（热源功率）：

$$R = \frac{\Delta T}{\dot{Q}} \qquad\qquad (1-5)$$

热阻单位为开尔文每瓦特（K/W）或摄氏度每瓦特（℃/W）。本书的讨论中常用的空气对流换热的一些简化公式如下：

➤ 空气强制对流层流：速度为 U_∞ 的空气外掠长度为 L，温度为恒定的平板，对流换热系数为

$$h = 3.9 \left(\frac{U_\infty}{L} \right)^{1/2} \qquad\qquad (1-6)$$

➤ 空气强制对流湍流：速度为 U_∞ 的空气外掠长度为 L，温度为恒定的平板，对流换热系数为

$$h = 5.5 \left(\frac{U_\infty^4}{L} \right)^{1/5} \qquad\qquad (1-7)$$

➤ 竖直平板的自然对流层流：空气温度为 T_a，平板长度为 L，表面温度为 T_0，竖直放置的平板其对流换热系数为

$$h = 1.4 \left(\frac{T_0 - T_a}{L} \right)^{1/4} \qquad\qquad (1-8)$$

➤ 竖直平板的自然对流湍流：空气温度为 T_a，平板长度为 L，表面温度为 T_0，竖直放置的平板其对流换热系数为

$$h = 1.1 (T_0 - T_a)^{1/3} \qquad\qquad (1-9)$$

其他对流换热系数的详细计算本书就不全部展开了，读者可以在专门介绍传热学的文献或教材[4]中查找。

3. 热辐射

热辐射是由于物体内部微观粒子的热运动（或者说由于物体自身的温度）而使物体向外发射辐射能的现象。热辐射具有以下 3 个特点：

（1）热辐射总是伴随着物体的内热能与辐射能这两种能量形式的相互转化；

（2）热辐射不依靠中间媒介，可以在真空中传播；

（3）物体间以热辐射的方式进行的热量传递是双向的，只要物体的绝对温度高于 0 K，它就会对外发送热辐射。

总而言之，物体之间的辐射换热量与它们的表面特性、温度、相互位置等因素有关。热辐射的计算往往是复杂和繁琐的，本书只考虑辐射换热最简单的情况。如图 1-6 所示，

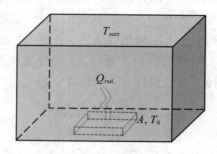

图 1-6　热辐射示意图

一个物体具有温度 T_0 以及表面积 A，暴露在环境温度为 T_{surr} 的"大空间"中。这里所谓的"大空间"是指以物理壁面围绕这个物体所形成的一个密闭的空间。那么物体与周围环境之间的净辐射传热量为

$$\dot{Q}_{rad} = \varepsilon \sigma A (T_0^4 - T_{surr}^4) \tag{1-10}$$

其中，T_0 和 T_{surr} 是绝对温度，其单位为开尔文(K)。它与摄氏温度的关系如下：

$$T(K) = T(\text{℃}) + 273.15 \tag{1-11}$$

式(1-10)中的 $\sigma = 5.67 \times 10^{-8}\,\text{W}/(\text{m}^2 \cdot \text{K}^4)$，称作斯特潘-玻尔兹曼常数；$\varepsilon$ 是表面发射率，取值范围为 $0 \sim 1$，是表征物体表面辐射性能好坏的物理量。展开式(1-10)可以写成：

$$\dot{Q}_{rad} = \varepsilon \sigma A (T_0^2 + T_{surr}^2)(T_0 + T_{surr})(T_0 - T_{surr}) \tag{1-12}$$

令

$$h_{rad} = \varepsilon \sigma (T_0^2 + T_{surr}^2)(T_0 + T_{surr}) \tag{1-13}$$

式(1-12)又可以写成：

$$\dot{Q}_{rad} = h_{rad} A (T_0 - T_{surr}) \tag{1-14}$$

其中，h_{rad} 称作辐射换热系数。那么式(1-14)也可以写成：

$$\dot{Q}_{rad} = \frac{(T_0 - T_{surr})}{1/(h_{rad}A)}, \quad \dot{Q}_{rad} = \frac{(T_0 - T_{surr})}{R_{rad}} \tag{1-15}$$

式中，$R_{rad} = 1/(Ah_{rad})$，称为辐射换热热阻，单位为 K/W。然而物体周围的环境温度 T_{surr} 与物体周围的流体(或空气)温度 T_a 并不相同。例如，夏天房间中的温度通常会低于墙的温度。考虑电子产品工作时的散热状态，往往采用物体周围的空气温度 T_a 会比较方便。那么对式(1-10)乘以 $(T_0 - T_a)$，并除以 $(T_0 - T_a)$，得到

$$\dot{Q}_{rad} = \frac{\varepsilon \sigma (T_0^4 - T_{surr}^4)}{T_0 - T_a} A (T_0 - T_a) \tag{1-16}$$

令

$$h'_{rad} = \frac{\varepsilon \sigma (T_0^4 - T_{surr}^4)}{T_0 - T_a} \tag{1-17}$$

则有

$$\dot{Q}_{rad} = h'_{rad} A (T_0 - T_a) = \frac{T_0 - T_a}{1/(h'_{rad}A)} = \frac{T_0 - T_a}{R'_{rad}} \tag{1-18}$$

式中，$R'_{rad} = 1/(Ah'_{rad})$ 称为修正辐射换热热阻，单位为 K/W。式(1-18)和式(1-4)都采用了一样的参考温度，便于第 5 章的热阻网络建立。

☞ **讨论**

1. 试用你的生活经验分析图 1-7(a)、(b)、(c)中，哪一种情况下的包子馅最热。如果以包子馅为研究对象，请运用传热学概述中的基本概念分析这几种情况中的包子馅都在进行着什么样的热传递。

2. 夏天太热，人们的降温方式有哪些？它们是属于热传导主导还是热对流主导？哪些降温方式更加高效？

3. 加热食物，人们的烹饪方法有哪些？哪些属于热传导主导？哪些属于热对流主导？哪些加热方式更加高效？

(a) 在蒸笼里的包子　　　　　　(b) 上桌的包子　　　　　　(c) 掰开皮的包子

图 1-7　包子的热传递

☞**参考文献**

[1]　严加驿. 工程热力学. 北京：高等教育出版社，2001.
[2]　苏亚欣. 传热学. 武汉：华中科技大学出版社，2009.
[3]　WELTY J R, WICKS C E, WILSON R E. Fundamental of Mass, Heat and Momentum Transfer. Hoboken：John Wiley and Sons，1998.
[4]　何燕，张晓光，孟祥文. 传热学. 北京：化学工业出版社，2015.

1.3　传热学在微电子系统中的应用

　　微电子系统（产品）在生产和使用的过程中，存在着大量的热现象，其核心热源就是芯片。当电流经过芯片时，大部分电能转化为热能，并以封装体为载体导出到系统，最后至外界。如果系统的散热效果不好，就会出现电子产品的热场（特别是与人接触的部分）超过人类的感知温度（20～47℃），从而发生烫伤等事故。如果温度持续升高直至超过材料的极限，就会发生产品失效，严重的还会引起锂电池爆炸。此外，由于变温引起的热应力也会对产品质量和可靠性带来严重影响。电子产品的失效率随着温度的升高而愈发严重，如图1-8所示。失效率与元器件温度呈近似指数关系，如果温度从75℃升高到125℃，失效率会增加5倍以上[1]。因此，微电子系统热管理的核心任务就是控制热场在产品的物理空间内合理分布，提出电子产品热范围内可以接受的机械与电气布局方案。

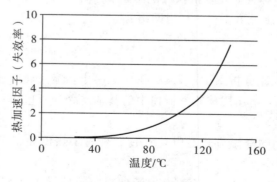

图 1-8　温度对失效率的影响

　　表 1-1 总结了电子制造各阶段的内外热源情况以及相对应的传热学应用。在生产制造阶段，电子产品需经历大量的热处理工艺，一般的黏合剂的固化温度为 125～150℃，有铅焊的最高温为 200～220℃，无铅焊的最高温为 240～260℃。工程上既要保证热处理工艺的加热均匀性和工艺质量，又要保证封装材料在高温状态下不失效、不变形。这些热处理工艺都属于非稳态导热的范畴。在工作使用阶段，从开机至产品平稳使用后，电子产品长期处在内部由芯片发热、外部随外界温度变化的状态下，芯片的理想温度范围为 70～90℃，最高一般不超过 125℃（因为 125～150℃ 是大多数有机封装材料的玻璃转化温度区间）[2]。在电子产品的工作时间足够长的情况下，类似的工程问题都可以归为稳态导热、稳态热对流换热的范畴。此外，在某些特大功率器件工作的情况下也要考虑热辐射的影响。在拆解回收阶段，热处理工艺与生产制造阶段类似，也是非稳态导热的范畴。

表 1-1　微电子制造各阶段的传热学应用

阶段	内热源	外部热环境	传热学应用
生产制造	无	回流焊、波峰焊等热处理工艺	非稳态导热
工作使用	芯片发热	外界环境变化	稳态导热、稳态热对流、热辐射
拆机回收、返工返修	无	高温拆解等热处理工艺	非稳态导热

　　本书的章节设计和知识点分布也是依据表 1-1 中不同制造阶段的不同传热学应用来制定的。第 2、3 章主要介绍传热学的基本知识和稳态导热问题，第 4 章介绍定性分析方法，第 5 章介绍热阻网络（半定性半定量）分析方法，第 6 章介绍数值（定量）分析方法，第 7 章介绍实验方法和行业检测标准，第 8 章介绍非稳态导热问题。为了方便读者学习和统一标识，本书中的典型术语列在表 1-2 中。

表 1-2　术　语　总　表

符　号	单　位	名　　　　称
A	m^2	表面积
A_b	m^2	翅片的基底面积（或无翅片时基底面积）
A_c	m^2	翅片截面积
A_f	m^2	翅片总表面积
Bi		毕渥（Biot）数（第 5 章 5.3 节中表示为扩散热阻计算式中的一个参数符号）
a		翅片导热方程中的自定义变量
C	$J \cdot kg^{-1} K^{-1}$	比热容
E		翅片功效
h	$W/(m^2 \cdot K)$	热对流换热系数
h_{rad}	$W/(m^2 \cdot K)$	辐射换热系数
h'_{rad}	$W/(m^2 \cdot K)$	修正辐射换热系数
h_{comb}	$W/(m^2 \cdot K)$	综合换热系数
k	$W/(m \cdot K)$	导热系数（导热率）
L	m	长度或厚度

符　号	单　位	名　称
P	m	周长
Q	J	热量
$\dot{Q}$	W	热流量（单位时间内的传递热量，即功率）
$\dot{Q}_{cond}$	W	导热热流量
$\dot{Q}_{conv}$	W	对流热流量
$\dot{Q}_{rad}$	W	辐射热流量
q	W/m²	热流密度
R	℃/W 或 K/W	热阻
R_{cond}	℃/W 或 K/W	导热热阻
R_{conv}	℃/W 或 K/W	对流换热热阻
R_{rad}	℃/W 或 K/W	辐射换热热阻
R'_{rad}	℃/W 或 K/W	修正辐射换热热阻
R_c	(K/W)/m²	接触热阻
R_{int}	℃/W 或 K/W	界面热阻
r	m	半径
V	m³	体积
T	℃ 或 K	温度
T_0	℃ 或 K	物体与外界接触的界面温度
T_a	℃ 或 K	物体周围的空气温度
T_{surr}	℃ 或 K	物体周围的环境温度
T_{top}	℃ 或 K	最高温度
t	s	时间
i,j,k	—	x、y、z 坐标的单位矢量
x，y，z	m	坐标
α	ppm/℃	热膨胀系数（CTE）
ε	—	表面发射率（第 5 章 5.3、5.5 节中表示为扩散热阻计算式中的一个参数符号）
ρ	kg·m⁻³	密度
σ	W/m²·K⁴	斯特潘-玻尔兹曼常数
ϕ	W/m³	内热源（第 5 章 5.3、5.5 节中表示为扩散热阻计算式中的一个参数符号）
λ		第 5 章 5.3、5.5 节中表示为扩散热阻计算式中的一个参数符号
θ	℃	求解二维问题方程、翅片导热方程时引入的新的温度变量

☞ **讨论**

　　台式机、笔记本电脑、手机等智能电子产品是否有出风口？出风口分别位于产品的什么部位？一般出风口的热风温度能达到多高？你有什么好的测量温度的方法？

☞ **参考文献**

［1］　李言荣．电子材料．北京：清华大学出版社，2015.
［2］　王阳元．绿色微纳电子学．北京：科学出版社，2010.

第 2 章　导热微分方程

本章首先介绍傅里叶导热定律的由来，再导入温度场、等温线、温度梯度等基本概念。在此基础上根据能量守恒定律和傅里叶导热定律，学习建立导热微分方程的方法。最后讨论导热微分方程的适用条件和边界条件。

2.1　傅里叶导热定律

傅里叶定律是法国著名科学家傅里叶在 1822 年提出的一条关于热传递的定律。它并不是由热力学第一定律导出的数学表达式，而是基于实验结果的归纳总结，是一个经验公式，类似于伽利略研究重力加速度一样。在最初的实验中，假设热流量($\dot{Q}$)通过一个固定面积(A)的板材。为了简化问题，研究对象的尺寸大小被设定成长、宽远大于厚度，如图 2-1 所示。那么热流量($\dot{Q}$)就只能沿着厚度方向(x)传递，即将实际中的三维问题简化成一维问题。在无数次实验中人们发现，热流量($\dot{Q}$)和导热物体两侧的温差(T_1-T_2)成正比，与板材厚度(L)成反比，并且与物体的材料属性相关(该材料属性用 k 表示)，那么通过该板材的热流密度可以表示为

$$q=\frac{\dot{Q}}{A}=\frac{k}{L}(T_1-T_2) \tag{2-1}$$

导热系数 k 为常数的物体，当它的厚度 L 趋向于 0 时，对式(2-1)取极限得到：

$$q=\lim_{L\to 0}\left(k\frac{T_1-T_2}{L}\right)=-k\frac{\partial T}{\partial x} \tag{2-2}$$

将一维实验得出的式(2-2)投射到三维空间内，那么热流密度可以写成：

$$q=-k\frac{\partial T}{\partial n}n \tag{2-3}$$

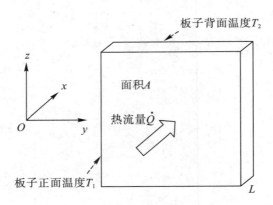

图 2-1　傅里叶导热定律的实验示意图

　　总结来看，傅里叶导热定律指在导热过程中，单位时间内通过给定截面的导热量，正比于垂直于该截面方向上的温度变化率和截面面积，而热量传递的方向则与温度升高的方向相反。在应用傅里叶定律的时候需要注意以下两点：

　　(1) 傅里叶定律只适用于各向同性物体。所谓各向同性物体，是指其物理性质（如导热系数）在各个方向上相同。在各向异性物体中，如木材、石英、沉积岩、经过冷冲处理的金属、层压板、强焊纤维板、某些工程塑料等，热流密度矢量的方向不仅与温度梯度有关，还与导热系数的方向性有关，因此热流密度矢量与温度梯度不一定在同一条直线上，从而不能使用傅里叶定律。

　　(2) 对于基底温度（接近于 0 K）的导热问题和在极短时间内产生极大热流密度的瞬态导热过程，如大功率、短脉冲的激光瞬态加热等，傅里叶定律表达式不再适用。

　　通过实验得出的式(2-3)，在投射到三维空间时，就必须用数学工具对三维空间的热场进行一些数学定义。首先是温度场，所谓温度场，是指某时刻空间所有各点温度分布的总称。温度场是时间和空间的函数，即：

$$T = f(x, y, z, t) \tag{2-4}$$

其中，当温度的分布不随时间变化时，即 $\frac{\partial T}{\partial t} = 0$，称为稳态温度场；当温度分布随时间而变化时，即 $\frac{\partial T}{\partial t} \neq 0$，称为非稳态温度场；根据式(2-4)中温度分布和空间坐标的关系分别有：一维温度场，即温度只沿一个方向变化，表示为 $T = f(x, t)$，属于一维导热问题；二维温度场，即温度只沿两个方向变化，表示为 $T = f(x, y, t)$，属于二维导热问题；三维温度场，即温度只沿三个方向变化，表示为 $T = f(x, y, z, t)$，属于三维导热问题。在某时刻的传热介质中，如导热的固体内部、对流换热的流体内部等，会存在具有相同温度的区域。把同一时刻、温度场中所有温度相同的点连接起来所构成的面(线)称为等温面(线)。如果用一个平面与各等温面相交，就在这个平面上得到了一组等温线。由于等温线或等温面上的温度处处相等，不同的等温线或等温面不能相交。在连续的温度场中，等温面或等温线不会中断，它们或者是物体中完全封闭的曲面或曲线，或者终止于物体的边界上。物体的温度场通常用等温面或等温线表示。

　　如图 2-2 所示的三条等温线，温度分别为 $T + \Delta T$，T，$T - \Delta T$。

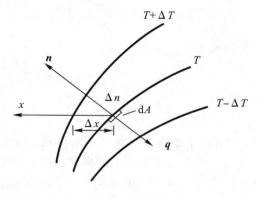

图 2-2　温度梯度示意图

　　从温度为 T 的等温线出发，可以有多条路径达到等温线 $T+\Delta T$，例如从 $\mathrm{d}A$ 沿 x 方向出发到 $T+\Delta T$ 经历的路程长度为 Δx，而从 $\mathrm{d}A$ 沿法线 $\boldsymbol{n}$ 方向出发到达 $T+\Delta T$ 经历的路程长度为 Δn，可以发现，从一条等温线经过相同的温度变化时，该温度变化发生的空间距离不同。在数学上，温度沿某一方向 x 的变化可以用该方向上的温度变化率（即偏导数）来表示：

$$\frac{\partial T}{\partial x}=\lim_{\Delta x\to 0}\frac{\Delta T}{\Delta x} \tag{2-5}$$

那么等温线法线方向的温度变化率最大，称为温度梯度：

$$\mathrm{grad}T=\frac{\partial T}{\partial n}\boldsymbol{n} \tag{2-6}$$

式中，$\boldsymbol{n}$ 表示等温法线方向的单位矢量。式(2-6)表示的温度梯度是矢量，它的正方向朝着温度增加的方向。对于一个三维温度场，在直角坐标系中的温度梯度可表示为

$$\mathrm{grad}T=\frac{\partial T}{\partial x}\boldsymbol{i}+\frac{\partial T}{\partial y}\boldsymbol{j}+\frac{\partial T}{\partial z}\boldsymbol{k} \tag{2-7}$$

式中，$\dfrac{\partial T}{\partial x}$、$\dfrac{\partial T}{\partial y}$、$\dfrac{\partial T}{\partial z}$ 分别为 x、y、z 方向的偏导数，$\boldsymbol{i}$、$\boldsymbol{j}$、$\boldsymbol{k}$ 分别为 x、y、z 方向的单位矢量。对于三维导热问题，热流密度式(2-3)可以重写成：

$$q=-k\frac{\partial T}{\partial n}\boldsymbol{n}=-k\cdot\mathrm{grad}T \tag{2-8}$$

　　式(2-8)即为傅里叶导热定律。对于材料参数不随方向变化的各向同性物体，导热热流密度的大小与温度梯度的绝对值成正比，其方向与温度梯度的方向相反。从图 2-2 发现，沿不同方向从一条等温线到达另一条等温线时，经历相同的温度变化 ΔT，经过的路线长度却有很多个。在物体内部有温差则存在着导热，因此，两条等温线间不同方向上的导热量是不同的。热流密度的方向和温度梯度的方向正好相反，因为热量总是从温度高的传递到温度低的区域。为方便计算，把通过等温面（线）上某点的最大热流密度的方向定义为热流密度的正方向，并把沿该方向的热流密度称为热流密度矢量，计为

$$\boldsymbol{q}=-\frac{\mathrm{d}Q}{\mathrm{d}A}\boldsymbol{n} \tag{2-9}$$

在直角坐标系中，傅里叶定律可以表示为

$$\boldsymbol{q}=q_x\boldsymbol{i}+q_y\boldsymbol{j}+q_z\boldsymbol{k}=-k\left(\frac{\partial T}{\partial x}\boldsymbol{i}+\frac{\partial T}{\partial y}\boldsymbol{j}+\frac{\partial T}{\partial z}\boldsymbol{k}\right) \tag{2-10}$$

其中，不同坐标方向的分量分别为

$$q_x=-k\frac{\partial T}{\partial x}\ ,\ q_y=-k\frac{\partial T}{\partial y},\ q_z=-k\frac{\partial T}{\partial z} \tag{2-11}$$

☞ **习题**

　　1. 请根据图 2-2 所示，自行手绘一张温度梯度示意图，并根据前文定义的温度场等定义，用数学公式结合文字的方式再描述一遍温度梯度和热量密度。

　　2. 傅里叶的最初试验（即式(2-1)）中是没有考虑时间因素的。傅里叶是怎么做到的？假如你穿越至 18 世纪，请问要如何测量图 2-1 中的板子两端的温度？请图文并茂地描述你的试验设想，撰写不少于 300 字的讨论稿。

2.2　导热微分方程的建立

　　建立导热微分方程的理论基础是能量守恒定律(热力学第一定律)和傅里叶导热定律。建立方程的方法是在导热物体内部取一个微元体分析其能量守恒,即分析从微元体的界面进入和离开的能量的守恒,从而建立温度分布的微分方程。该数学模型建立的前提条件(基本假设)是:

　　(1) 所研究的物体是各向同性的连续介质;

　　(2) 它的导热系数、比热容和密度等材料参数均为已知;

　　(3) 假设物体内具有内热源,其强度为 $\phi(\mathrm{W/m^3})$,内热源在物体内部空间均匀分布。所谓内热源,指单位体积的导热体在单位时间内放出的热量。

　　在直角坐标系中取一六面微元体,如图 2-3 所示。在单位时间内,净导入微元体的热流量 $\mathrm{d}\dot{Q}_{\mathrm{I}}$ 与微元体内热源产生的热量 $\mathrm{d}\dot{Q}_{\mathrm{V}}$ 之和等于微元体热力学能的增加量 $\mathrm{d}U$。所以,微元体的热平衡方程可以写成:

$$\mathrm{d}\dot{Q}_{\mathrm{I}} + \mathrm{d}\dot{Q}_{\mathrm{V}} = \mathrm{d}U \tag{2-12}$$

其中净导入微元体的热流量等于三个坐标方向上的净导入微元体的热流量之和,那么 $\mathrm{d}\dot{Q}_{\mathrm{I}}$ 可以表示成:

$$\mathrm{d}\dot{Q}_{\mathrm{I}} = \mathrm{d}\dot{Q}_{\mathrm{I}x} + \mathrm{d}\dot{Q}_{\mathrm{I}y} + \mathrm{d}\dot{Q}_{\mathrm{I}z} \tag{2-13}$$

式中,$\mathrm{d}\dot{Q}_{\mathrm{I}x}$、$\mathrm{d}\dot{Q}_{\mathrm{I}y}$、$\mathrm{d}\dot{Q}_{\mathrm{I}z}$ 分别是 x、y、z 坐标方向的净导入微元体的热流量。

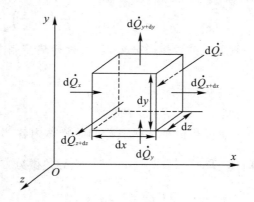

图 2-3　导热微元体

　　净导入微元体的热流量可以表示成某个坐标方向上导入和导出的热流量之差,以 x 方向为例:

$$\mathrm{d}\dot{Q}_{\mathrm{I}x} = \mathrm{d}\dot{Q}_x - \mathrm{d}\dot{Q}_{x+\mathrm{d}x} = q_x \mathrm{d}y\mathrm{d}z - q_{x+\mathrm{d}x}\mathrm{d}y\mathrm{d}z \tag{2-14}$$

式中,q_x、$q_{x+\mathrm{d}x}$ 分别为在 x 和 $x+\mathrm{d}x$ 两个界面通过的导热热流密度,而 $q_{x+\mathrm{d}x}$ 以傅里叶级数的形式表示成:

$$q_{x+\mathrm{d}x} = q_x + \frac{\partial q_x}{\partial x}\mathrm{d}x + \frac{\partial^2 q_x}{\partial x^2}\frac{\mathrm{d}x}{2!} + \cdots \approx q_x + \frac{\partial q_x}{\partial x}\mathrm{d}x \tag{2-15}$$

将式(2-15)代入式(2-14)可以得到:

$$d\dot{Q}_{Lx} = q_x dydz - \left(q_x + \frac{\partial q_x}{\partial x}dx\right)dydz = -\frac{\partial q_x}{\partial x}dxdydz \tag{2-16}$$

利用傅里叶定律，代入式（2-11）中的 $q_x = -k\frac{\partial T}{\partial x}$ 可以得到：

$$d\dot{Q}_{Lx} = \frac{\partial}{\partial x}\left(k\frac{\partial T}{\partial x}\right)dxdydz \tag{2-17a}$$

同理可以得到 y、z 坐标方向的净导入微元体的热流量：

$$d\dot{Q}_{Iy} = \frac{\partial}{\partial y}\left(k\frac{\partial T}{\partial y}\right)dxdydz \tag{2-17b}$$

$$d\dot{Q}_{Iz} = \frac{\partial}{\partial z}\left(k\frac{\partial T}{\partial z}\right)dxdydz \tag{2-17c}$$

整理式（2-17）可以得到：

$$d\dot{Q}_I = \left[\frac{\partial}{\partial x}\left(k\frac{\partial T}{\partial x}\right) + \frac{\partial}{\partial y}\left(k\frac{\partial T}{\partial y}\right) + \frac{\partial}{\partial z}\left(k\frac{\partial T}{\partial z}\right)\right]dxdydz \tag{2-18}$$

单位时间内微元体内热源产生的热量为内热源强度与微元体体积的乘积：

$$d\dot{Q}_V = \phi dv = \phi dxdydz \tag{2-19}$$

而单位时间内，微元体热量总增量可以表示成：

$$dU = \rho c \frac{\partial T}{\partial t}dxdydz \tag{2-20}$$

将式（2-18）～式（2-20）代入式（2-12）可以得到：

$$\rho c \frac{\partial T}{\partial t} = \left[\frac{\partial}{\partial x}\left(k\frac{\partial T}{\partial x}\right) + \frac{\partial}{\partial y}\left(k\frac{\partial T}{\partial y}\right) + \frac{\partial}{\partial z}\left(k\frac{\partial T}{\partial z}\right)\right] + \phi \tag{2-21}$$

整理式（2-21）可以得到一般形式的导热微分方程（又称导热控制方程）。当导热系数 k 为常数时，上式可以简化成：

$$\frac{\partial T}{\partial t} = \frac{k}{\rho c}\left(\frac{\partial^2 T}{\partial x^2} + \frac{\partial^2 T}{\partial y^2} + \frac{\partial^2 T}{\partial z^2}\right) + \frac{\phi}{\rho c} \tag{2-22}$$

令 $a = k/\rho c$，称为热扩散率，表征物体被加热或冷却时物体内各部分温度趋向均匀一致的能力。再引入拉普拉斯算符 $\nabla^2 T = \frac{\partial^2 T}{\partial x^2} + \frac{\partial^2 T}{\partial y^2} + \frac{\partial^2 T}{\partial z^2}$，则导热微分方程可以简写成：

$$\frac{\partial T}{\partial t} = a\nabla^2 T + \frac{\phi}{\rho c} \tag{2-23}$$

用同样的方法，柱坐标和球坐标下得出的导热微分方程分别可以写成：

$$\rho c \frac{\partial T}{\partial t} = \frac{1}{r}\frac{\partial}{\partial r}\left(kr\frac{\partial T}{\partial t}\right) + \frac{1}{r^2}\frac{\partial}{\partial \varphi}\left(k\frac{\partial T}{\partial \varphi}\right) + \frac{\partial}{\partial z}\left(k\frac{\partial T}{\partial z}\right) + \phi \tag{2-24}$$

$$\rho c \frac{\partial T}{\partial t} = \frac{1}{r^2}\frac{\partial}{\partial r}\left(kr^2\frac{\partial T}{\partial t}\right) + \frac{1}{r^2\sin\theta}\frac{\partial}{\partial \theta}\left(k\frac{\partial T}{\partial \theta}\right) + \frac{1}{r^2\sin^2\theta}\frac{\partial}{\partial \varphi}\left(k\frac{\partial T}{\partial \varphi}\right) + \phi \tag{2-25}$$

式（2-24）中，r 是半径，φ 是角度，z 是圆柱高度。式（2-25）中，r 是半径，θ 是水平面角度，φ 是垂直于水平面的角度。由于本书篇幅限制，采用柱坐标和球坐标的控制方程推导，由读者参考文献[1]～[3]自行完成。

☞习题

1. 请参照本节的推导过程并查阅相关参考文献，由读者自行推导一遍导热控制方程，即式(2-23)。

2. 请参照本节的推导过程并查阅相关参考文献，由读者自行推导一遍导热控制方程在柱坐标下的表达式，即式(2-24)。

3. 请参照本节的推导过程并查阅相关参考文献，由读者自行推导一遍导热控制方程在球坐标下的表达式，即式(2-25)。

4. 如果是稳态情况，那么式(2-23)可以简化成什么形式？如果是稳态且没有内热源，那么式(2-23)可以简化成什么形式？如果是稳态且没有内热源的一维传热问题，那么式(2-23)可以简化成什么形式？

☞参考文献

[1] CENGEL Y A. Heat and Mass Transfer：A Practical Approach. Third Edition New York，NY：McGraw-Hill，2007.

[2] INCROPERA F P, DEWITT D P, BERGMAN T L, LAVINE A S. Fundamentals of Heat and Mass Transfer. Sixth Edition. Hoboken，NJ：John Wiley & Sons, Inc.，2007.

[3] 杨世铭，陶文铨. 传热学. 4 版. 北京：高等教育出版社，2006.

2.3　单值性条件和热云图

导热微分方程(式(2-23))是基于能量守恒原理和傅里叶定律两个基本原理而导出的描述物体的温度随时间和空间变化的关系式，通过高等数学的知识知道，式(2-22)和式(2-23)只是一个通用的表达式。对于特定的导热过程，需要补充说明条件才可以得到特定导热过程的唯一解，类似高等数学求微分方程的一般解和唯一解。一个导热过程完整的数学描述包括导热物体的导热微分方程和单值性条件。

单值性条件包括几何条件、物理条件、时间条件和边界条件。几何条件是指导热体的几何形状和尺寸大小，如平壁或圆壁、对称或不对称；物理条件是指导热体的物理特征(属性)，比如热导系数 k、密度 ρ 和比热容 C 等，它们是否会随温度而变化，有无内热源 ϕ 及其大小和分布，是否各向同性。时间条件是指导热过程与时间是否相关，即稳态还是非稳态。如果与时间相关那么初始条件是什么，即 $t=0$ 时刻的导热状态。边界条件是指导热体在边界上以什么形式达到热平衡，它反映的是导热过程与周围环境相互作用的条件。边界条件一共有三类，分别是第一类、第二类、第三类边界条件，如图 2-4 所示。

(1) 第一类边界条件指已知物体边界上的温度分布或变化规律。对于稳态导热，边界的温度为常数，即 $x=L,T=C$。对于非稳态导热，需要知道边界上温度随时间变化的关系式，即 $x=L,T=f(t)$。

(2) 第二类边界条件指已知物体边界上的热流密度分布或变化规律。对于稳态导热，边界的热流密度为常数，即 $x=L,q_w=C$。对于非稳态导热，需要知道边界上热流密度随时间变化的关系式，即 $x=L,q=f(t)$。

（3）第三类边界条件指已知物体边界表面流体的温度 T_a 和热对流系数 h。那么穿过导热物体向外的导热量可以写成 $q_w=-k\,(\partial t/\partial n)_w$，以对流换热的方式进入流体内的热量可以写成 $q_w=h(T_0-T_a)$，根据能量守恒原理，这两者是相等的，即 $q_w=-k\,(\partial t/\partial n)_w=h(T_0-T_a)$。

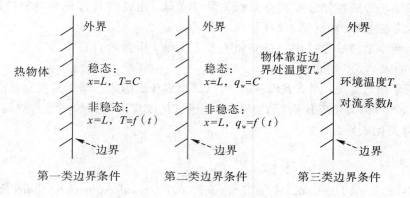

图 2-4　边界条件的分类

如果被研究物体没有内热源，那么直角坐标系下的导热控制方程式（2-23）可以简化成：

$$\frac{\partial T}{\partial t}=a\,\nabla^2 T \tag{2-26}$$

如果被研究物体既没有内热源，又是稳态导热的，即 $\frac{\partial T}{\partial t}=0$，那么式（2-26）可以简化成：

$$\nabla^2 T=\frac{\partial^2 T}{\partial x^2}+\frac{\partial^2 T}{\partial y^2}+\frac{\partial^2 T}{\partial z^2}=0 \tag{2-27}$$

如果被研究物体既没有内热源，又是一维稳态导热的，那么式（2-26）可以简化成：

$$\frac{\partial^2 T}{\partial x^2}=0 \tag{2-28}$$

对式（2-28）积分得

$$\frac{\partial T}{\partial x}=C_1 \Rightarrow T=C_1 x+C_2 \tag{2-29}$$

式（2-29）说明，对于一维无内热源的稳态导热，无论是几类边界条件，温度随位置（唯一位移自由度 x）线性分布，其热云图的示意图如图 2-5 所示，而边界条件决定了式（2-29）中的常数项 C_1、C_2。如果被研究物体有内热源，同时还是一维稳态导热的情况，那么有

$$\frac{\partial^2 T}{\partial x^2}+\frac{\phi}{k}=0 \tag{2-30}$$

对上式积分得

$$T=-\frac{\phi}{2k}x^2+C_1 x+C_2 \tag{2-31}$$

式（2-31）说明，对于一维无内热源的稳态导热，温度是位置的二阶函数分布，其热云图的示意图如图 2-6 所示，同样边界条件决定了式（2-31）中的常数项 C_1、C_2，这里假设热源

位于左端的边界。

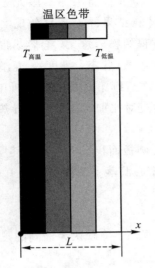

图 2-5 一维稳态导热、无内热源
的热云图（直角坐标系）

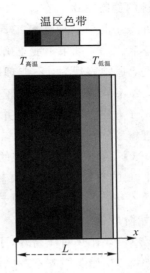

图 2-6 一维稳态导热、有内热源
的热云图（直角坐标系）

同理，对于一维无内热源的稳态导热，在柱坐标系下，温度仅随圆半径（唯一位移自由度 r）线性分布，如式（2-32）和图 2-7 所示。在球坐标系下，温度仅随球半径（唯一位移自由度 r）线性分布，如式（2-32）和图 2-8 所示。

$$T = C_1 r + C_2 \tag{2-32}$$

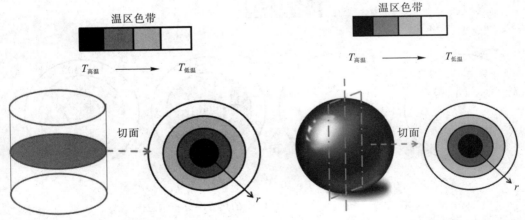

图 2-7 一维稳态导热、无内热源的
热云图（柱坐标系）

图 2-8 一维稳态导热、无内热源的
热云图（球坐标系）

需要强调的是，稳态情况可以理解为温度不随时间的变化而变化，或者时间无穷大则温度对于时间的变化可以忽略。然而现实中、在人类可感知的自然界中，热量总是时时刻刻为了达到新的热平衡而由温度高的地方传递至温度低的地方（热力学第二定律），所以热源、时间必然影响着热传导。式（2-27）中忽略了热源 ϕ 与时间 t，这是理想化的状态，比如人类在研究宇宙、天际等宏观问题中，可以忽略时间维度的影响，而在现实中几乎很难找到无内热源的稳态案例。在第 6 章的定量热分析中，我们将采用有限元方法进行热仿真，仿真分析实际也是一种计算工具，它所呈现的计算结果并不都具备现实中的物理意义。对于初学者而言，如果不能正确理解导热微分方程的物理意义，会容易混淆理想化问题与实际问题，通常表现为：不能理解所研究问题的本质（状态、维度），混淆问题的载荷与边界条件，弄不清数值分析结果正确与否。因此，在后续第 6 章的热分析中，本书还将应用本节的例子，建立有限元模型并绘制热云图，通过对比加深读者对于导热微分方程的物理意义的理解。

【例题 2-1】　假设有较大直径的铜制扁平圆板，圆板面积尺寸远大于其厚度，板子暴露在温度为 25℃的空气中。初始状态时（$t=0$）平板中心滴落了一滴温度为 100℃的油，试绘出你理解的 $t=0$ s 至 $t=\infty$ 时的热云图示意图。

解　初始阶段（$t=0\sim15$ s）：

（1）由于热传导比热对流高效，且铜的导热系数很高，可以认为油滴的热量优先在圆板上做热传导，在初始阶段先不考虑热对流情况；

（2）圆板的长、宽尺寸远大于其厚度，可以认为水滴的热量在圆板的平面上传递，不考虑在板子厚度方向上的热传递；

（3）假设在 $t=15$ s 时，热量恰好传递到板子的边界，那么在 $t=0\sim15$ s 的初始阶段的热传递可以不用考虑边界条件。

综上，可以画出初始阶段的热云图分布示意图，如图 2-9 所示。

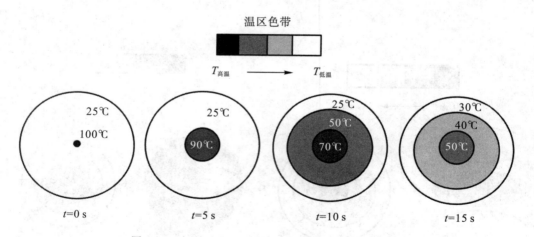

图 2-9　初始阶段（$t=0\sim15$ s）的热云图分布示意图

板子热平衡阶段（$t=15\sim30$ s）：

（1）同样由于热传导比热对流高效，且铜的导热系数很高，可以认为 $t=15$ s 后，热量仍然优先在圆板上以热传导的方式传递并使整块板子达到热平衡，假设达到热平衡的时间为 $t=30$ s；

（2）由于圆板长、宽尺寸远大于其厚度，板子的侧面积相较于表面积同样也非常小，因此在侧面积上发生的对流换热可以忽略不计。

综上，可以画出板子热平衡阶段的热云图分布示意图，如图 2-10 所示。

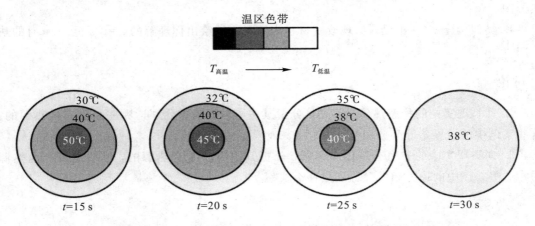

图 2-10　板子的热平衡阶段($t=15\sim30\ \text{s}$)的热云图分布示意图

板子换热阶段($t=30\ \text{s}\sim\infty$)：

圆板的正、反两面同时与外界空气发生的对流换热，画出板子最终达到热平衡的热云图分布示意图，如图 2-11 所示。

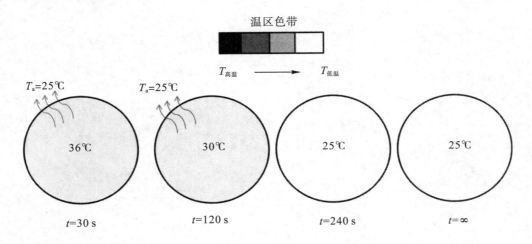

图 2-11　板子换热阶段($t=30\ \text{s}\sim\infty$)的热云图分布示意图

读者不必追求例题中的热云图的准确性，这里绘制示意图的更多意义在于帮助理解导热微分方程的物理意义，并为后续工程热仿真提供对比参考。预判并草拟被研究物体的热云图，是热工程师自我训练的有效方法。

☞ **习题**

1. 对于一维有内热源的稳态导热，且内热源在圆中心，请读者画出在柱坐标系下和球坐标系下的热云图。

2. 类似例题 2-1 的情况，现改圆板为正方形板。试绘出你理解的 $t=0\ \text{s}$ 至 $t=\infty$ 时的热云图。

3. 类似例题 2-1 的情况，现改圆板为长方形板。试绘出你理解的 $t=0$ s 至 $t=\infty$时的热云图。

4. 类似例题 2-1 的情况，现改变材料为塑料。试绘出你理解的 $t=0$ s 至 $t=\infty$时的热云图。

☞ **讨论**

1. 列举现实中的稳态热传递案例，分析其中哪些是有热源的，哪些是没有内热源的？这些案例中的边界条件又分别是什么？

2. 列举现实中的非稳态热传递案例，分析其中哪些是有热源的，哪些是没有内热源的？这些案例中的边界条件又分别是什么？

第3章　稳态导热

本章以一维单层平壁和多层平壁问题为案例，分析给定条件下的热场、热阻，并绘图解释。

3.1　一维单层平壁稳态导热

3.1.1　无内热源、一类边界条件

仍以图2-1中的平面板为例，板子内部无内热源，且不考虑时间作用，如图3-1所示，那么一维稳态导热问题可以从式(2-23)中简化为

$$\frac{\partial^2 T}{\partial x^2} = 0 \qquad (3-1)$$

如果已知板子两端是第一类边界条件，即板子两端的温度分别为 T_1 和 T_2，板子的厚度是 L，那么边界条件可写为

$$\begin{cases} x=0, & T=T_1 \\ x=L, & T=T_2 \end{cases} \qquad (3-2)$$

对式(3-1)积分得

$$\frac{\partial T}{\partial x} = C_1 \Rightarrow T = C_1 x + C_2 \qquad (3-3)$$

式中，C_1 和 C_2 为积分常数。把边界条件式(3-2)代入式(3-3)中，得

$$C_2 = T_1, \quad C_1 = \frac{T_2 - T_1}{L} \qquad (3-4)$$

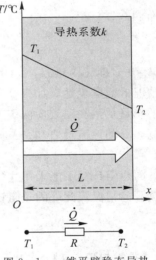

图 3-1　一维平壁稳态导热
（无内热源、一类边界条件）

那么温度函数可以写成：

$$T = \frac{T_2 - T_1}{L} x + T_1 \qquad (3-5)$$

再由傅里叶定律可以得到导热量 $\dot{Q}$ 和热流密度 q：

$$\dot{Q} = \frac{Ak}{L}(T_1 - T_2) = \frac{T_1 - T_2}{R}, \quad q = \frac{k}{L}(T_1 - T_2) \qquad (3-6)$$

其中，A 是平板的表面积（yOz 平面），k 是平板的导热系数（或称导热率），单位是 $W/(m \cdot K)$。式(3-6)是经典的一维平壁导热问题的数学表达，与第一章概述中提到的式(1-1)一致，它的物理示意如图3-1所示，温度在板子的厚度方向上线性分布，热流从温度高的地方（T_1）向温度低的地方（T_2）传导，类似于电流通过电阻，热流经过的导热热阻可以由式(3-7)表示：

$$R = \frac{L}{Ak} \qquad (3-7)$$

3.1.2 有内热源、一类边界条件

假设板子的导热系数 k 为常数，板子内部内热源 ϕ 为常数（单位为 W/m^3），且不考虑时间作用，如图 3-2 所示，那么一维稳态导热问题可以从式(2-23)简化为

$$\frac{\partial^2 T}{\partial x^2}+\frac{\phi}{k}=0 \qquad (3-8)$$

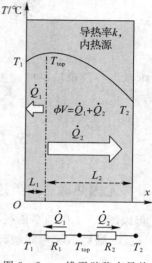

如果已知板子两端是第一类边界条件，即板子两端的温度分别为 T_1 和 T_2，那么边界条件可写为

$$\begin{cases} x=0, T=T_1 \\ x=L, T=T_2 \end{cases} \qquad (3-9)$$

对式(3-8)积分得

$$T=-\frac{\phi}{2k}x^2+C_1 x+C_2 \qquad (3-10)$$

把式(3-9)代入式(3-10)确定积分常数，可以得到温度分布函数：

$$T=\frac{Lx-x^2}{2k}\phi+\frac{T_2-T_1}{L}x+T_1 \qquad (3-11)$$

图 3-2 一维平壁稳态导热
（有内热源、一类边界条件）

当 $\phi=0$ 时即无内热源，式(3-11)又变回了式(3-5)。式(3-11)是一维平壁导热、有内热源情况的数学表达。如果 $T_1>T_2$，那么它的最高温 T_{top} 出现在接近 T_1 的位置，内热源产生的热量从最高温处向两侧传递，如图 3-2 所示。其中内热源产生的热流量等于其流向两侧边界的热流量之和：

$$\phi \times V=\dot{Q}_1+\dot{Q}_2 \qquad (3-12)$$

此处的热阻计算不能采用式(1-2)或式(3-7)，因为导热热阻仅适用于一维稳态导热、无内热源的情况。此处的热阻计算应采用式(1-5)：

$$R_1=\frac{T_{top}-T_1}{\dot{Q}_1}, \ R_2=\frac{T_{top}-T_2}{\dot{Q}_2} \qquad (3-13)$$

【关键知识点 1】 导热热阻与板子厚度成正比，和导热率、面积成反比。板子厚度越大、导热面积越小、导热率越小，热阻越大。反之，则热阻越小。对于隔热要求高的情况，应当设计厚度大、面积小的几何结构，并选择导热率小的材料。对于散热要求高的情况，应当设计厚度小、面积大的几何结构，并选择导热率大的材料。无论有内热源还是没有内热源，热阻都是客观存在的，不一样的是计算公式。如果仅评估物体的散热性能，那么将复杂问题简化成一维稳态导热情况，通过比较热阻是最高效的手段。

【关键知识点 2】 无内热源时温度随着位置线性变化，而有内热源时温度是位置的二阶函数，且温度分布与导热系数有关。

【例题 3-1】 有一个尺寸为 10 mm×10 mm×0.5 mm 芯片(硅)，电路印制在芯片的正面，假设所有的热量由正面传递给背面，经由背面散出。假设散热量为 10 W，且芯片工作时间足够长（即稳态导热），已知硅的导热系数 130 W/(m·℃)，那么芯片正反面的温差有多少？芯片的热阻为多大？

解 由式(3-6)求解芯片两面的温度差,由式(3-7)计算芯片的热阻。已知 $\dot{Q}=$ 10 W, $A=10$ mm×10 mm=0.0001 m², $L=0.0005$ m, $k=130$ W/(m·℃)。

则

$$\dot{Q}=\frac{Ak}{L}(\Delta T)\Rightarrow10\text{ W}=-\frac{130(\text{W}\cdot\text{m}^{-1}\cdot\text{℃}^{-1})\times0.0001\text{ m}^2}{0.0005\text{ m}}\Delta T$$

$$\Delta T=0.38\text{℃}$$

$$R=\frac{L}{Ak}=\frac{0.0005\text{ m}}{0.0001\text{ m}^2\times130\text{ W/(m}\cdot\text{℃)}}=0.038\text{ (℃/W)}$$

【例题 3-2】 有一个尺寸为 10 mm×10 mm×0.5 mm 的芯片(硅),电路印制在芯片的正面,有一层厚度为 0.05 mm,导热系数为 5 W/(m·℃)的界面材料与金属散热片相连。假设散热量为 10 W,全部通过界面材料散去散热片端,且芯片工作时间足够长(即稳态导热),那么这层界面材料两端的温差有多少?它的热阻是多大?

解 由式(3-6)求解界面材料两面的温度差,由式(3-7)计算热阻。已知 $\dot{Q}=10$ W, $A=10$ mm×10 mm=0.0001 m², $L=0.0005$ m, $k=5$ W/(m·℃)。

则

$$\dot{Q}=\frac{Ak}{L}(\Delta T)\Rightarrow10\text{ W}=-\frac{5(\text{W}\cdot\text{m}^{-1}\cdot\text{℃}^{-1})\times0.0001\text{ m}^2}{0.0005\text{ m}}\Delta T$$

$$\Delta T=1\text{℃}$$

$$R=\frac{L}{Ak}=\frac{0.0005\text{ m}}{0.0001\text{ m}^2\times5\text{ W/(m}\cdot\text{℃)}}=0.1\text{ (℃/W)}$$

注意 对比例 3-1 和例 3-2 的计算结果可以发现,芯片通过热界面材料的温差是芯片自身温差的 2、3 倍,界面材料的热阻是芯片自身热阻的 2、3 倍。实际封装工艺中,界面材料的导热系数往往比例题中的还要低,导热过程也需要考虑接触热阻的影响,所以界面热阻会更大。因此,在微电子封装中,很多研究工作集中在开发高导热系数的界面材料,以提升封装体的散热能力。更多的例子与实际案例将会在第 4、5 章展开。

3.1.3 无内热源、三类边界条件

如果已知平板两端是第三类边界条件,即板两端的外界空气温度、热对流系数分别为 T_{a1}、h_1 和 T_{a2}、h_2,如图 3-3 所示。那么导热方程与式(3-1)一致,而边界条件应写为

$$\begin{cases} x=0, -k\dfrac{\partial T}{\partial x}=h_1(T_{a1}-T_1) \\ x=L, -k\dfrac{\partial T}{\partial x}=h_1(T_2-T_{a2}) \end{cases} \quad (3-14)$$

其中,T_1 和 T_2 分别表示板子两端的界面温度,且有 $T_{a1}>T_{a2}$。由于在稳态时流入物体的导热量和流出物体的导热量相等,所以有

$$\begin{cases} q_{x=0}=h_1(T_{a1}-T_1)=k(T_1-T_2) \\ q_{x=L}=k(T_1-T_2)=h_2(T_2-T_{a2}) \end{cases} \quad (3-15)$$

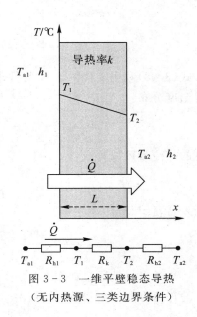

图 3-3 一维平壁稳态导热
(无内热源、三类边界条件)

所以热流密度可以写成:

$$q = \frac{T_{a1} - T_{a2}}{\dfrac{1}{h_1} + \dfrac{L}{k} + \dfrac{1}{h_2}} \quad (3-16)$$

将式(3-16)代入式(3-15),可以求出边界两端的边界温度,再代入式(3-3)可以求出积分常数。该情况下的热流量可以写成:

$$\dot{Q} = \frac{T_{a1} - T_{a2}}{\dfrac{1}{Ah_1} + \dfrac{L}{Ak} + \dfrac{1}{Ah_2}} \quad (3-17)$$

其中的 R_{h1},R_{h2} 分别是板子两端的对流热阻:

$$R_{h1} = \frac{1}{Ah_1},\ R_{h2} = \frac{1}{Ah_2} \quad (3-18)$$

而总热阻为

$$R_{total} = \frac{1}{Ah_1} + \frac{L}{Ak} + \frac{1}{Ah_2} \quad (3-19)$$

【关键知识点 3】 如控制方程式(3-1)所示,稳态无内热源导热的温度分布趋势在导热体内是一致的(即温度分布都是位置的线性函数),它与导热系数无关。但是在第二类、第三类边界条件下,导热系数影响了边界条件,如式(3-14)所示,即导热系数的变化将改变边界温度 T_1 和 T_2 的大小。所以,在第二类、第三类边界条件下,温度分布、热流密度都与导热系数有关。在完全是第一类边界条件的情况下,温度分布与导热系数无关,但是热流密度仍然与导热系数有关。

3.1.4 有内热源、三类边界条件

导热方程与式(3-8)一致,平板两端是第三类边界条件,且外界空气温度 T_a 和对流系数 h 都一致,如图3-4所示。那么由对称性,边界条件可写为

$$\begin{cases} x = 0,\ \dfrac{\partial T}{\partial x} = 0 \\ x = L,\ -k\dfrac{\partial T}{\partial x} = h(T_2 - T_a) \end{cases} \quad (3-20)$$

对式(3-8)积分,代入边界条件求出积分常数后整理可得温度分布:

$$T = \frac{\phi}{2k}(L^2 - x^2) + \frac{L\phi}{h} + T_a \quad (3-21)$$

总的热流量可以写成:

$$\dot{Q} = \dot{Q}_1 + \dot{Q}_2 = \frac{T_{top} - T_a}{R_{total}} \quad (3-22)$$

那么总热阻等于:

$$R_{total} = \frac{T_{top} - T_a}{\dot{Q}} = \frac{T_{top} - T_a}{\phi V} \quad (3-23)$$

热流量虽然通过如图3-4所示的并联热阻网络向厚度的正负方向流出物体,但是由于内热源的存在,该情况

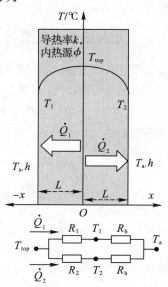

图3-4 一维平壁稳态导热
(有内热源、三类边界条件)

下的导热热阻不能采用式(1-2)计算，对流热阻也不能采用式(1-4)计算，都需要采用式(1-5)来计算。

【关键知识点 4】　适当的根据物体的几何对称性选择边界条件，可以简化导热方程的求解。但是边界条件的设定必须要遵循能量守恒原理，即流入的热流量等于流出的热流量。

【例题 3-3】　已知大平壁的厚度为 100 mm，发热率为 3×10^4 W/m³，平壁的一端表面绝热，另一端壁面暴露在 25℃ 的空气中，假设空气和壁面的对流换热系数为常数 50 W/(m² · K)，壁的材料是硅，其导热系数为 130 W/(m · K)，求壁两端的温差和最高温。

解　这是一个带内热源的一维稳态导热问题，边界条件分别是第二类、第三类边界条件。首先该问题的导热微分方程为式(3-8)：

$$\frac{\partial^2 T}{\partial x^2} + \frac{\phi}{k} = 0$$

那么边界条件写为

$$\begin{cases} x = 0, \ \dfrac{\mathrm{d}T}{\mathrm{d}x} = 0 \\ x = L, \ -k\dfrac{\mathrm{d}T}{\mathrm{d}x} = k(T - T_a) \end{cases}$$

对导热微分方程积分可以得到一般解：

$$T = -\frac{\phi}{2k}x^2 + C_1 x + C_2$$

由边界条件确定积分常数：

$$C_1 = 0, \ C_2 = -\frac{\phi}{2k}L^2 + \frac{\phi}{2k}L^2 + \frac{\phi}{h}L + T_a$$

代入已知条件，可得

$$T_{\text{top}} = 86.2℃, \ \Delta T = 1.2℃$$

注意　100 mm 厚的平壁硅在壁两端仅产生了 1.2℃ 的温差，而实际封装体中的芯片(硅)厚度通常在 0.5 mm 左右，因此，芯片两端的温差可以忽略不计。

☞ **习题**

1. 有一个尺寸为 10 mm × 10 mm × 0.4 mm 芯片(硅)，电路印刷在芯片的正面，芯片功率 8 W。芯片上端包裹着环氧树脂，假设环氧树脂的导热率极低，考虑成绝热情况。芯片下端连接着铜衬底，其厚度为 0.6 mm，导热系数为 390 W/(m · ℃)。假设散热量全部通过铜衬底散去外界，且芯片工作时间足够长(即稳态导热)，那么铜衬底两端的温差有多少？它的热阻是多大？

2. 有一个尺寸为 10 mm × 10 mm × 0.4 mm 芯片(硅)，电路印刷在芯片的正面，芯片功率 8 W。芯片上端包裹着环氧树脂，假设环氧树脂的导热率极低，考虑成绝热情况。芯片下端连接着有机材料为主的衬底，其为厚度为 0.6 mm，导热系数为 0.5 W/(m · ℃)。假设散热量全部通过有机衬底散去外界，且芯片工作时间足够长(即稳态导热)，那么该有机衬底两端的温差有多少？它的热阻是多大？

3. 已知平壁的厚度为 100 mm，发热率为 3×10^4 W/m³，平壁的一端表面绝热，另一端壁面暴露在 25 ℃ 的空气中，假设空气和壁面的对流换热系数为 50 W/(m² · K)，壁的材料是树脂材料，其导热系数为 1.3 W/(m · K)，求壁两端的温差和最高温。

☞ **讨论**

    1. 对比讨论第 1 题与第 2 题的计算结果与工程指导意义。

    2. 对比讨论例题 3 - 3 与第 3 题的计算结果与工程指导意义。

3. 2　一维多层平壁稳态导热

3. 2. 1　无内热源、一类边界条件

    多层平壁稳态导热、无内热源的导热方程与式（3 - 1）一致。假设各平壁之间的界面接触良好，且 $T_1 > T_4$。那么通过三层平壁的热流量是相当的：

$$\dot{Q} = \frac{T_1 - T_2}{L_1/(k_1 A)} = \frac{T_2 - T_3}{L_2/(k_2 A)} = \frac{T_3 - T_4}{L_3/(k_3 A)} \tag{3 - 24}$$

消去中间界面的温度 T_2 和 T_3，式（3 - 24）可以写成：

$$\dot{Q} = \frac{T_1 - T_4}{\dfrac{L_1}{A k_1} + \dfrac{L_2}{A k_2} + \dfrac{L_3}{A k_3}} = \frac{T_1 - T_4}{R_1 + R_2 + R_3} \tag{3 - 25}$$

其中 R_1、R_2、R_3 分别为平壁 1、平壁 2 和平壁 3 的导热热阻，如图 3 - 5 所示。由式（3 - 13）递推，对于由 n 层平壁组成的一维平板导热，其导热热流量可以计算如下：

$$\dot{Q} = \frac{T_1 - T_{n+1}}{\displaystyle\sum_{i=1}^{n} R_i} \tag{3 - 26}$$

式中，$R_i = \dfrac{L_i}{k_i A}$，那么该多层平板的总热阻可以写成：

$$R_{\text{total}} = R_1 + R_2 + \cdots + R_n \tag{3 - 27}$$

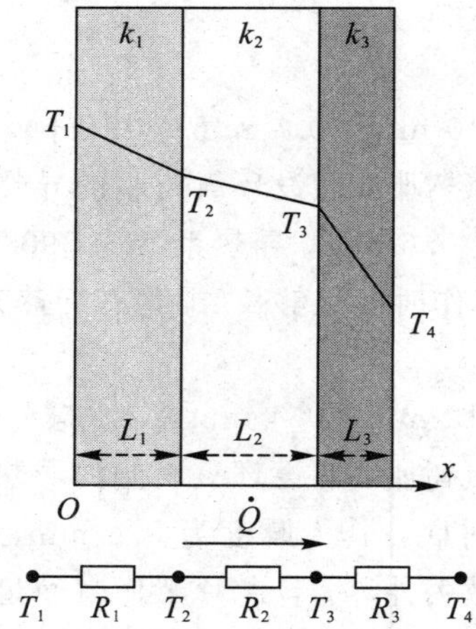

图 3 - 5　一维多层平壁稳态导热（无内热源、一类边界条件）

3.2.2 有内热源、一类边界条件

多层平壁稳态导热，最中间的板子有内热源 ϕ 且为常数，其平板的两端是一类边界条件：$T_1 = T_4$，板子有对称性且两端的板子材料一致：$k_1 = k_3$。那么中间的平壁是一维稳态有内热源的导热，温度分布是厚度的二阶函数；两端的平壁是一维稳态无内热源的导热，温度分布是厚度的线性函数。所以两者的结合，温度分布总趋势如图 3-6 所示。热流量可以写成：

$$\phi V_2 = \dot{Q} = \dot{Q}_1 + \dot{Q}_2 \tag{3-28}$$

其中，V_2 是中间板子（板 2）的体积。热流量在最高温处，即 $x=0$ 处，向厚度的正方向和负方向传递。

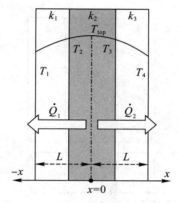

图 3-6 一维多层平壁稳态导热（有内热源、一类边界条件）

3.2.3 无内热源、三类边界条件

其控制方程与式（3-1）一致，边界条件与式（3-13）一致，如图 3-7 所示。多层平壁板的总热阻可以写成：

$$R = \frac{1}{Ah_1} + \sum_{i=1}^{n} \frac{L_i}{Ak_i} + \frac{1}{Ah_2} \tag{3-29}$$

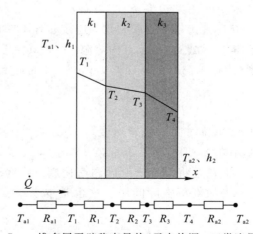

图 3-7 一维多层平壁稳态导热（无内热源、三类边界条件）

3.2.4 有内热源、三类边界条件

多层平壁稳态导热，最中间的板子有内热源 ϕ 且为常数，其平板的两端是三类边界条件：$T_a = 25℃$，对流系数皆为 h。板子有对称性且两端的板子材料一致：$k_1 = k_3$。那么中间的平壁是一维稳态有内热源的导热，温度分布是厚度的二阶函数；两端的平壁是一维稳态无内热源的导热，温度分布是厚度的线性函数。所以两者的结合，温度分布总趋势如图 3-8 所示。热流量可以写成：

$$\phi V_2 = \dot{Q} = \dot{Q}_1 + \dot{Q}_2 \tag{3-30}$$

其中，V_2 是中间板子（板 2）的体积。热流量在最高温处，即 $x = 0$ 处，向厚度的正方向和负方向传递。

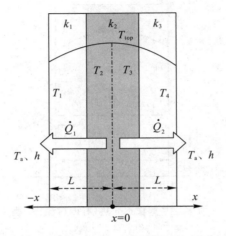

图 3-8 一维多层平壁稳态导热(有内热源、三类边界条件)

3.2.5 封装体的一维稳态导热

众所周知，电子封装体的结构往往是长、宽尺寸远大于其厚度，且器件工作时芯片是器件内唯一且恒定的热源，所以结构简单的封装体的导热问题可以简化成一维多层平壁稳态导热问题，即有内热源（芯片）、三类边界条件（室温）。选取经典的三层简化结构，即芯片层、塑封层和衬底层，连接芯片上端的是塑封层，连接芯片下端的是衬底层，如图 3-9 所示。由例题 3-3 的计算得知，虽然芯片上有内热源，但是其温差几乎可以忽略不计。以 T_j 命名芯片上的结点温度（简称结温），j 取自英文 junction 的首字母，那么芯片的结点温度可以由下式快速评估：

$$T_j = P_{芯片} \times R_{ja} + T_a \tag{3-31}$$

其中，$P_{芯片}$ 表示芯片的功率（单位时间内的导热量），R_{ja} 是结-气热阻，即结-壳热阻与结-板热阻与换热热阻串并联后的总热阻（在第 4 章第 3 节会详细展开）。虽然式（3-31）在封装工程上较为常用，但它毕竟是将复杂三维问题简化成一维问题来计算。更加精确地评估芯片结温，还需要更深入的剖析实际问题。这也是本书第 4~7 章将要逐步深入学习的内容。

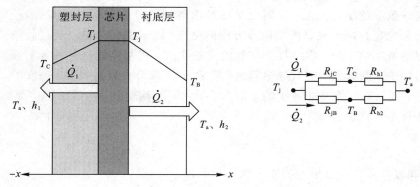

图 3 - 9　简化后的封装体内部的一维稳态导热示意图

☞ **习题**

1. 有一个尺寸为 10 mm×10 mm 的三层板，第一层板的材料是环氧树脂，其厚度为 0.4 mm，第二层板的材料是硅，其厚度为 0.4 mm，第三层板的材料是铜，其厚度是 0.4 mm。流经该三层板的散热量为 8 W，边界条件为一类，材料热参数参考表 4 - 2，那么该三层板平壁的两端温差是多少？

2. 假设某封装体简化成第 1 题的三层板结构，芯片功率仍然是 8 W，边界条件是三类，环境温度是 25 ℃，板子两侧的换热系数都是常数 50 W/(m² · K)，运用式(3 - 31)求芯片的结温。讨论该计算结果是否合理。

3.3　二维稳态导热

二维导热可以理解成物体在某一个方向上绝热，那么物体只能在二维平面内进行热传递，如图 3 - 10 所示。对于二维稳态导热而言，它的控制方程可以从式(2 - 22)简化成：

$$\frac{\partial^2 T}{\partial x^2}+\frac{\partial^2 T}{\partial y^2}=0 \tag{3-32}$$

它的边界条件为

$$\begin{cases} T(0, y)=T_1 \\ T(a, y)=T_1 \\ T(x, 0)=T_1 \\ T(x, b)=f_1(x) \end{cases} \tag{3-33}$$

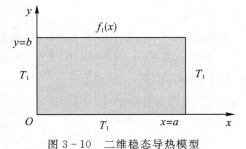

图 3 - 10　二维稳态导热模型

通过高等数学的学习知道，分离变量法是求解偏微分方程式(3-32)的经典方法。它的基本思路是把含有两个变量的偏微分方程简化成两个常微分方程，通过特征值问题构成偏微分方程的基本解，并根据线性方程解的叠加原理，将基本解进行叠加后获得通解。分离变量法适用于求解线性、齐次导热问题，它要求① 微分方程是线性、齐次的；② 边界条件是齐次的，或只有一个是非齐次的。因此，引入一个新变量：$\theta = T - T_1$，那么式(3-32)的控制方程可重写成：

$$\frac{\partial^2 \theta}{\partial x^2} + \frac{\partial^2 \theta}{\partial y^2} = 0 \tag{3-34}$$

式(3-33)的边界条件变成单一的非齐次边界条件：

$$\begin{cases} \theta(0, y) = 0 \\ \theta(a, y) = 0 \\ \theta(x, 0) = 0 \\ \theta(x, b) = f_1(x) - T_1 = F(x) \end{cases} \tag{3-35}$$

接下来采用分离变量法进行求解。首先，假设温度分布是所含自变量的函数的乘积，即：

$$\theta(x, y) = X(x)Y(y) \tag{3-36}$$

其中，X 仅为 x 的函数，Y 仅为 y 的函数，那么代入式(3-34)，变量分离可得

$$\frac{1}{X}\frac{\mathrm{d}^2 X}{\mathrm{d}x^2} = -\frac{1}{Y}\frac{\mathrm{d}^2 Y}{\mathrm{d}y^2} = r_n \tag{3-37}$$

式中，r_n 称为分离常数或特征值，它是与 x、y 无关的常数。那么偏微分方程可以转换成：

$$\frac{\mathrm{d}^2 X}{\mathrm{d}x^2} - r_n X = 0 \ , \ \frac{\mathrm{d}^2 Y}{\mathrm{d}y^2} + r_n Y = 0 \tag{3-38}$$

那么上式的解为

$$X(x) = A_1 \mathrm{e}^{\sqrt{r_n}x} + A_2 \mathrm{e}^{-\sqrt{r_n}x} \ , \ Y(y) = B_1 \mathrm{e}^{\sqrt{-r_n}y} + B_2 \mathrm{e}^{-\sqrt{-r_n}y} \tag{3-39}$$

利用边界条件 $x = 0$，$X = 0$ 有

$$A_1 + A_2 = 0 \tag{3-40}$$

再利用边界条件 $x = b$，$X = 0$ 有

$$A_1 \mathrm{e}^{\sqrt{r_n}b} + A_2 \mathrm{e}^{-\sqrt{r_n}b} = 0 \tag{3-41}$$

将式(3-40)代入式(3-41)有

$$A_1 (\mathrm{e}^{\sqrt{r_n}b} - \mathrm{e}^{-\sqrt{r_n}b}) = 0 \tag{3-42}$$

显然，这里 $A_1 = 0$ 是没有物理意义的，为了让式(3-42)有解，只能取特征值为

$$r_n = -\beta^2 \tag{3-43}$$

这样式(3-39)就可以表达成特征函数：

$$X(x) = A\cos(\beta x) + B\sin(\beta x) \ , \ Y(y) = C\sinh(\beta y) + D\cosh(\beta y) \tag{3-44}$$

利用式(3-35)中边界条件的第一、三项有式(3-36)的特解：

$$\theta(x, y) = C\sin(\beta x)\sinh(\beta y) \tag{3-45}$$

利用式(3-35)中边界条件的第二项有：

$$\sin(\beta a) = 0 \tag{3-46}$$

那么，特征值可以取：

$$\beta = \frac{n\pi}{a}, \ n = 1, 2, 3, \cdots \tag{3-47}$$

根据线性方程的叠加原理,将基本解进行叠加可得式(3-36)的通解:

$$\theta(x,\ y) = \sum_{n=1}^{\infty} C_n \sin\left(\frac{n\pi}{a}x\right)\sinh\left(\frac{n\pi}{a}y\right) \qquad (3-48)$$

为确定上式中的常数项,利用式(3-35)中边界条件的第四项有

$$F(x) = \sum_{n=1}^{\infty} C_n \sin\left(\frac{n\pi}{a}x\right)\sinh\left(\frac{n\pi}{a}y\right) = \sum_{n=1}^{\infty} B_n \sin\left(\frac{n\pi}{a}x\right) \qquad (3-49)$$

其中 $B_n = C_n \sinh\left(\dfrac{n\pi b}{a}\right)$,那么利用三角函数的正交性有

$$B_n = \frac{2}{a}\int_0^a F(x)\sin\left(\frac{n\pi x}{a}\right)\mathrm{d}x \qquad (3-50)$$

那么最终式(3-36)的解的形式为

$$\theta(x,\ y) = \frac{2}{a}\sum_{n=1}^{\infty}\sin\left(\frac{n\pi x}{a}\right)\frac{\sinh\left(\dfrac{n\pi y}{a}\right)}{\sinh\left(\dfrac{n\pi b}{a}\right)}\int_0^a F(x)\sin\left(\frac{n\pi x}{a}\right)\mathrm{d}x \qquad (3-51)$$

假设图 3-10 中一个边界上温度是 x 的函数,其余三个边界温度为 0,那么可以有如下四种不同但是类似的边界情况,如图 3-11 所示。

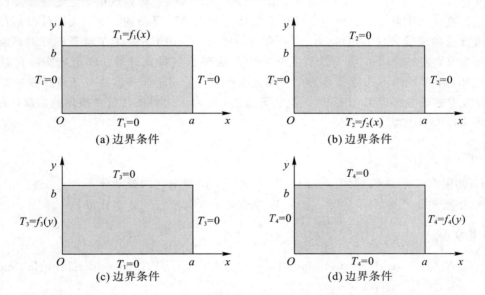

图 3-11　四种不同边界条件的平面板模型

图 3-11(a)中情况:

$$T_1(x,\ y) = \frac{2}{a}\sum_{n=1}^{\infty}\sin\left(\frac{n\pi x}{a}\right)\frac{\sinh\left(\dfrac{n\pi y}{a}\right)}{\sinh\left(\dfrac{n\pi b}{a}\right)}\int_0^a f_1(x)\sin\left(\frac{n\pi x}{a}\right)\mathrm{d}x \qquad (3-52)$$

图 3-11(b)中情况:

$$T_2(x,\ y) = \frac{2}{a}\sum_{n=1}^{\infty}\sin\left(\frac{n\pi x}{a}\right)\frac{\sinh\left(\dfrac{n\pi(b-y)}{a}\right)}{\sinh\left(\dfrac{n\pi b}{a}\right)}\int_0^a f_2(x)\sin\left(\frac{n\pi x}{a}\right)\mathrm{d}x \qquad (3-53)$$

图 3-11(c)中情况：

$$T_3(x,y) = \frac{2}{b}\sum_{n=1}^{\infty}\sin\left(\frac{n\pi y}{b}\right)\frac{\sinh\left(\frac{n\pi(a-x)}{b}\right)}{\sinh\left(\frac{n\pi a}{b}\right)}\int_0^a f_3(y)\sin\left(\frac{n\pi y}{b}\right)\mathrm{d}y \qquad (3-54)$$

图 3-11(d)中情况：

$$T_4(x,y) = \frac{2}{b}\sum_{n=1}^{\infty}\sin\left(\frac{n\pi y}{b}\right)\frac{\sinh\left(\frac{n\pi x}{b}\right)}{\sinh\left(\frac{n\pi a}{b}\right)}\int_0^a f_4(y)\sin\left(\frac{n\pi y}{b}\right)\mathrm{d}y \qquad (3-55)$$

那么图 3-11 中一般温度边界条件的温度分布可以通过叠加求得：

$$T(x,y) = T_1(x,y) + T_2(x,y) + T_3(x,y) + T_4(x,y) \qquad (3-56)$$

如果图 3-11(a)中的 $f_1(x) = T_0$ 是常数，那么温度分布还可以写成：

$$T_1(x,y) = \frac{2T_0}{\pi}\sum_{n=1}^{\infty}\frac{1-(-1)^n}{n}\frac{\sin\frac{n\pi x}{a}\sinh\frac{n\pi y}{a}}{\sin\frac{n\pi b}{a}} \qquad (3-57)$$

通过式(3-51)～(3-57)的数学表达可以发现，二维平面导热中，温度分布随位置的三角函数变化。实际上，求解二维导热的偏微分方程是较复杂的工作，大部分时候都是采用数值算法的求解替代解析解[1]。本节介绍一些简单的情形，是为了读者更好地理解传热的物理意义，便于读者在后续章节的学习中分辨理论与仿真计算、理论与实际传热的区别。此外，本节选择的边界条件为单一非齐次的情况，对于非齐次边界条件多于一个的情况，有兴趣的读者可以参考文献[2]找到解析解，而对于边界条件包含换热的情况，有兴趣的读者可以参考文献[3]找到答案。

☞ 习题

1. 如果图 3-11(b)中的 $f_2(x) = T_0$ 是常数，试写出它的温度分布。
2. 如果图 3-11(d)中的 $f_4(y) = T_0$ 是常数，试写出它的温度分布。

☞ 参考文献

[1] CENGEL Y A. Heat and Mass Transfer：A Practical Approach. Third Edition New York，NY：McGraw-Hill，2007.

[2] 张靖周. 高等传热学. 北京：科学出版社，2009.

[3] YOUNES SHABANY. 传热学：电力电子器件热管理. 余小玲，等译. 北京：机械工业出版社，2013.

第4章 定性热分析

从微电子制造的工程常识出发，热工程师可以快速地、定性地评估产品的散热优劣。定性判断和分析是解决工程问题的第一个环节，也是必不可少的环节。通过了解电子材料的热参数、电子产品的结构特性，可以快速评估单个封装体乃至整个系统的热性能。

4.1 封装的散热常识

在第1章的习题讨论中，生活经验告诉我们：热传导比热对流高效。例如降温，冰敷比扇扇子凉快；再如烹饪，烧比蒸加热快。结合人类对冷热现象的感知和探索，几千年的工程经验告诉我们，散热工程中总是优先采用热传导为主导的散热方式，其次再考虑热对流，这是最重要的热常识。比如CPU的散热设计，它总是先连接散热片再连接风扇，而不是先连接风扇再连接散热片。无需任何计算，工程师仅凭着对电子制造的基本了解和传热学基本常识所得出的结论，都可以称之为散热常识。下面简单介绍电子制造（封装）的基本范畴、功能和目的，以及其中所涵盖的散热常识。在电子封装的范畴中，封装大致可以分为三个层级，即器件级、板级和母版组装，如图4-1所示[1]。第一级封装即器件（IC）级封装，主要包含IC互连、供电、冷却和保护。这些封装好的单个IC通常无法成为一个系统而独立运行，它们需要通过电路板互连以形成系统，这通常称为第二级封装，即板级封装。有些情况下，单个电路板还不能承载整个系统运行所需要的所有元器件，通常还需要用连接器、数据线和电缆将数个电路板连在一起完成系统功能，这称为第三级封装，即母版组装。

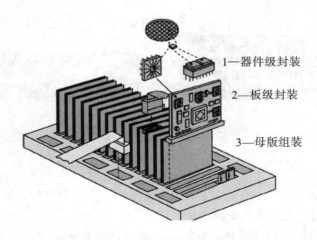

1—器件级封装

2—板级封装

3—母版组装

图4-1 电子封装的层级

电子产品工作时，电流经过上述三个封装层级将芯片上的电信号连同热量一起传递至外界，归纳整理可得各层级的散热方式，如表4-1所示。其中，无源冷却技术指的是被动散热方式，包括：① 更换导热率高的封装材料；② 增加导热率高的封装材料比重；③ 增加热交换的面积；④ 热管等。有源冷却技术指的是主动散热方式，包括：① 利用外部电源驱动电风扇加速封装体表面的固气热交换；② 利用微型电机驱动冷却液在芯片周围的循环流动，以加速液体与芯片或封装体的固液热交换。相对于无源冷却技术，有源冷却技术因为需要外部供电，所以其消耗的能量更多，在一些以"节能减排"为主题的电子产品中（如照明用 LED），要谨慎使用有源冷却技术，因为它的额外能耗与节能的概念相冲突。

表4-1 各封装层级的散热方式与冷却技术

封装层级	主导散热方式	无源冷却技术	有源冷却技术
器件级封装	热传导为主，少量情况热对流	材料更替	液体循环冷却、风扇（晶圆封装）
板级封装	热传导、热对流与热辐射	材料更替、增加散热面积	风扇
母版组装	热对流、热辐射	增加散热面积、铜管	风扇、制冷系统

以图4-2的示意图为例，芯片是封装体工作时的核心热源。无论是左图的 BGA 器件还是右图的 QFN 器件，其芯片上产生的热量在第一级封装（器件级封装）中的散热途径只能是向上进入环氧树脂或向下进入衬底。所以，第一级封装的散热主导方式以热传导为主。仅有一些采用了倒装焊（Flip - chip）或者无衬底（Direct Chip Attach）的封装方式，其芯片上的热量可以直接与外界进行热交换。在第二级封装（板级封装）中，向上的热量通过环氧树脂后有的直接与外部进行热交换，有的进入散热片后再与外部进行热交换。向下的热量部分通过器件底部与外界进行热交换，部分以热传导的方式通过金属互连（引脚或焊球）进入 PCB。所以，第二级封装的散热是以热传导和换热共同主导的。在第三级封装（母版组装）中，进入 PCB 的热量最终通过板子的正反面与外界进行热交换。所以，第三级封装的散热是以热对流换热和热辐射换热共同主导的。

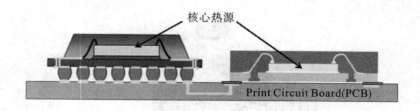

核心热源

Print Circuit Board(PCB)

图4-2 芯片热源的散热示意图

☞ **讨论**

1. 你是否有拆过台式机、笔记本电脑或者其他电子产品的经历，这些电子产品的内部有散热器或者风扇吗？它们都被安装在什么位置？

2. 请读者找些废旧电脑与手机，拆解后观察散热片和热风扇一般都是应用在什么样的器件上。再对比笔记本电脑的散热片和热风扇与传统台式机的区别。整理上述观察的照片，根据观察结果撰写不少于300字的报告，要求做到图文并茂。

☞ **参考文献**

[1]　TUMMALA R R. 微系统封装基础．黄庆安，唐洁影，译．南京：东南大学出版社，2005.

4.2　电子材料的热性能

电子封装材料按照功能可分为导电材料、半导体材料和介电材料三种。导电材料主要是用于电信号导通的金、银、铜、锡铅合金、锡银铜合金等金属材料；半导体材料主要用于制成芯片的硅；介电材料主要用于承载芯片或器件的树脂材料，如 FR4、BT、环氧树脂、底部填充胶、银浆胶等。这些材料的分子结构、制成工艺本书不做详细介绍，有兴趣的读者可以参考文献[1]和[2]。上述这些常见电子封装材料的热学性能如表 4-2 所示。

表 4-2　常用电子封装材料的热学性能

材　　料	导热系数 k /(W/(m·K))$^{-1}$	比热容 C /(J/(kg·K))$^{-1}$	密度 ρ /(kg/m^3)	热膨胀系数 α /(ppm/℃)
铜	390	390	9000	17.8
金	320	130	1930	15
铝与铝合金	210～240	900	2700	23.5
硅	130	705	2330	4
无铅焊料(SAC305)	59	234	7400	23.5
锡铅焊料(Sn63/Pb37)	51	167	8400	24.0
银浆胶	1～10	300～600	2400～3200	40/240
填充胶	0.2～0.6	1000	2200	30/120
塑封用环氧树脂	0.2～0.6	900	1780	10 /35
FR4	0.3	920	1700	X/Y:17.8
25℃饱和水	0.613	4200	1000	69
25℃空气	0.026	1005	1.16	3360

导热系数 k 表征材料导热的能力，单位是 W/(m·K)。根据表 4-2 的导热系数数值重新绘图，如图 4-3 所示，可以更加直观地发现：

（1）导电材料的导热系数的数值是介电材料的数百倍至数千倍。因此，封装体内金属材料的占比越高，则散热能力越好。例如，尺寸大小接近的情况下，采用金属材料作衬底的 QFP、QFN 等器件的散热能力要远远优于采用有机材料 BT 作衬底的 BGA 器件。通常情况下，BGA 器件都需要采用散热片叠加热风扇的方法加速其工作状态下的冷却，而 QFP、QFN 等器件则不需要连接散热片。

（2）节电材料的导热系数大部分都很低，为 0.1～1 W/(m·K)。某些简化计算的情况下，当热量由金属材料作为散热途径传递时，那么通过介电材料的散热量可以忽略不计。

（3）介电材料中只有银浆胶（Die Attach Material）的导热系数相对不低。顾名思义，银浆胶是用于黏结芯片和衬底的黏合剂。由例 3-1 和例 3-2 得知，银浆胶这层热界面材料是最接近芯片的，也是最重要的导热层，所以在以树脂材料为主的胶体中混合了大量的银粒子制成了银浆胶，其目的是增加胶水的导热性能。银浆胶的银粒子含量越高，导热系数也越高，但是相对的其黏结力会下降。反之，导热系数越低，但是其黏结力就会升高。有兴趣的读者可以参考文献[3]。

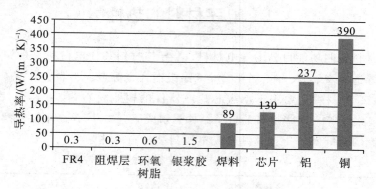

图 4-3　电子封装材料的导热率柱状图

比热容 C 表示单位质量的物体变温 1℃时所吸收或放出的热量，它表征物体吸热或散热的能力，其单位是 J/(kg·K)。密度 ρ 表征材料单位体积内的质量，单位是 kg/m³。由导热控制方程式（2-23）知道，比热容 C 和密度 ρ 是计算非稳态导热问题时必不可少的材料参数。

热膨胀系数 α（Coefficient of Thermal Expansion，CTE）是指材料每变化 1℃时所导致的单位长度的膨胀或收缩的能力，其单位是 ppm/℃。需要说明的是，ppm 不是单位，它代表 10^{-6}。例如，20 ppm/℃指温度每升高 1℃，长度 1 m 的这种材料的伸长量为 20×10^{-6} m(0.02 mm)。不同的材料有不同的热膨胀系数，当多种材料复合制成一个连续体时，变温的情况下连续体就会产生热变形。这些热变形都是热应变造成的，有了热应变就会对连续体内部产生热应力，热应力集中到一定程度时就会发生机械失效。因此，热膨胀系数是解决热机失效问题中不可忽视的重要材料参数。热机失效的问题讨论以及更多的材料热机性能将在后续章节中展开，这里为了方便读者理解一些封装材料常识，先将其归入表4-2。还需要说明的是，表中标注了银浆胶、填充胶、环氧树脂等有机材料在玻璃转化温度前后的不同热膨胀系数，而金属材料没有标注，这是因为金属材料的玻璃转化温度太高，一般的封装热分析不会到达这个温度区间。而有机材料的玻璃转化温度为 125～200℃，这个温度范围就是封装热处理工艺的温度范围并经常作为热载荷添加在后续的热仿真计算中。

☞习题

1. 请读者查阅相关文献，补充石墨、银、铁、陶瓷、BT（Bismaleimide Triazine）这几种材料的材料参数入表 4-2。

2. 请读者查阅资料，分别列举电子制造（封装）行业内主要生产黏结剂材料、引线框架（Lead-frame）、环氧树脂、焊锡焊料、BT 基板、PCB 的企业。

3. 电子封装常用材料里，导热性能较好的材料有哪些？既然热传导是效率最高的导热方式，那么用高导热率的材料来替代低导热率的材料，是否是最高效的散热解决方案？

☞ **参考文献**

[1] DANIEL LU, WONG C P. 先进封装材料. 陈明祥, 尚金堂, 译. 北京: 机械工业出版社, 2005.

[2] 仝兴存. 电子封装热管理先进材料. 安兵, 等译. 北京: 国防工业出版社, 2016.

[3] ZHANG MINSHU. Investigation and Analysis on Moisture Related Failure in Quad Flat No-lead (QFN) Packages, PHD Thesis, The Hong Kong University of Science and Technology, 2010.

4.3 封装结构的热性能

从理论上讲, 散热效率最高的封装技术是芯片黏结技术(Direct Chip Attach, DCA), 它"没有"包裹式的封装而直接将芯片黏结到印制电路板、挠性电路板或玻璃上。但是由于已知优质管芯(Known Good Die, KGD)的供应成本和供货基础条件, 以及如何与印制电路板的细线条和窄间距相匹配的问题, 工业上无法大量采用 DCA。因此, 在 20 世纪 90 年代以后一类被称作"芯片尺寸封装"(Chip Scale Package, CSP)的技术被工业界广泛采用。大部分芯片尺寸封装的特点是通过基板或者金属层将芯片上周边排列的节距非常窄的键合焊盘再分布, 使之成为在印制电路板上节距较宽的面阵列焊盘。国际电子电路互联和封装协会(IPC)对于 CSP 的定义是封装的面积比芯片面积小 1.5 倍, 然而工业界的应用并没有拘泥于这样的定义, 一些性价比高且可靠的芯片尺寸封装模式, 但不满足 IPC 定义的, 都可以被称为 CSP[1]。

根据 CSP 的封装发展趋势, 本书以不同的衬底材料来区分封装类型, 那么民用市场上较为常见的以金属材料为衬底的器件包括 Small Out-line Package(SOP)、Small Out-line No-lead Package(SON)、Quad Flat Package (QFP)和 Quad Flat No-lead Package (QFN); 以有机板材为衬底的器件包括 Plastic Ball Grid Array (PBGA); 无需衬底直接焊接在 PCB 上的封装器件, 如 Flip-chip BGA。以 QFN 器件和 BGA 器件为例, 如图 4-4 和图 4-5 所示。对比它们的封装结构图可以发现: ① 根据表 4-2 知道, 有机材料的导热系数远远低于铜的导热系数, 在器件尺寸接近的情况下, BGA 器件的散热能力要远劣于 QFN 器件; ② 封装体积越大的器件, 散热面积也越大, 热阻就小, 反之, 则热阻大; ③ 由于 BGA 器件的 I/O 较多, 且用于封装逻辑芯片, 所以其芯片的功率也较大, 必须在芯片的上端借助散热片和热风扇来降低热阻, 提升散热能力。

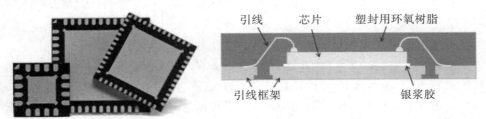

图 4-4 四边扁平无引脚式封装的结构图

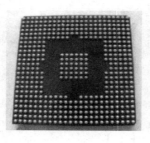
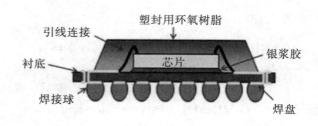

图 4-5 球栅阵列封装的结构图

由图 4-4 和图 4-5 可见，无论何种封装模式下的芯片工作时发出的热量，一部分经由芯片上端通过外壳向外界传递，另一部分经由芯片底部通过衬底或底板向外界传递。我们定义芯片中最热的部分叫作结点（Junction），那么芯片结点温度（简称结温）即为最高温（Junction Temperature），以 T_j 命名。评估一个封装体总体散热性能的有效指标是结-气热阻，以 R_{ja} 命名。R_{ja} 可以通过热阻网络进行评估（第 5 章将展开的内容），也可以通过标准化检测（第 7 章将展开的内容）。需要再次强调的是，无论采用什么方式评估 R_{ja}，必要的定性评估是热工程师开展热问题研究的先期基础，它主要由本章介绍的散热常识、材料热性能和结构热性能构成。更多封装器件结构的设计知识可以参考文献[2]和[3]，本书不做展开。

【例题 4-1】 假设一个芯片尺寸级封装的 QFN 器件，其芯片面积与衬底面积较接近，可以简化成一维平壁模型。已知表面积为 10 mm×10 mm，铜衬底平壁厚 0.4 mm，芯片功率为 2 W，如果热量都从衬底向外散出，那么衬底两端的温差是多少？

解 根据例题 3-3 的计算结果忽略芯片层的影响，根据表 4-2 找到铜的导热系数，计算铜平壁层的导热热阻：

$$R_{铜} = \frac{0.4 \times 10^{-3}}{10 \times 10^{-3} \times 10 \times 10^{-3} \times 390} = 0.010 \ (K \cdot W^{-1})$$

再依据热阻计算公式有：

$$\Delta T = P \times R \Rightarrow \Delta T = 2 \times 0.010 = 0.02 \ (℃)$$

【例题 4-2】 假设一个芯片尺寸级封装的 BGA 器件，其芯片面积与衬底面积较接近，可以简化成一维平壁模型。已知表面积为 10 mm×10 mm，有机衬底平壁厚 0.4 mm，芯片功率为 2 W，如果热量都从衬底向外散出，那么衬底两端的温差是多少？

解 根据表 4-2 找到有机材料的导热系数，计算该平壁层的导热热阻：

$$R_{铜} = \frac{0.4 \times 10^{-3}}{10 \times 10^{-3} \times 10 \times 10^{-3} \times 0.6} = 6.667 \ (K \cdot W^{-1})$$

再依据热阻计算公式有：

$$\Delta T = P \times R \Rightarrow \Delta T = 2 \times 6.667 = 13.33 \ (℃)$$

对比例题 4-1 和例题 4-2 的计算结果可以发现，采用有机衬底封装的芯片容易出现结温过高的现象。而铜衬底的热阻也很小，几乎可以忽略不计。

【例题 4-3】 还是上述的例子，假设 QFN 器件的芯片热量通过衬底后全部进入了 2 mm 厚的 PCB，试计算板子两端温差。

解　根据例题 3-3 的计算结果忽略芯片层的影响，根据例题 4-1 的计算结果忽略铜衬底的影响，根据表 4-2 找到 PCB 主要制造材料 FR4 的导热系数，计算该平壁层的导热热阻：

$$R_{板子} = \frac{2 \times 10^{-3}}{10 \times 10^{-3} \times 10 \times 10^{-3} \times 0.3} = 66.67 \ (K \cdot W^{-1})$$

再依据热阻计算公式有：

$$\Delta T = P \times R \Rightarrow \Delta T = 2 \times 66.67 = 133.3 \ (℃)$$

该计算结果表示：如果板子一面是室温（25℃），则另一面即芯片侧要有接近 25+133.3≈158℃ 的高温。这既不符合芯片结温的安全要求，也不符合实际情况，这一方面是一维模型简化的不合理造成的，另一方面是散热设计本身的不合理造成的。实际中，QFN 器件的热量并不全部散入 PCB，有部分热量通过衬底直接散入外界空气，有部分热量通过引脚等金属焊接材料散入 PCB（与衬底散入 PCB 的方向不一致），所以采用简单的一维平壁模型计算总的结-气热阻或者评估芯片温度，会出现与实际有偏差的情况。要确认计算结果是否合理及散热设计本身是否存在缺陷，还需在热阻模型中考虑更多的实际因素，这也是下一章需要深入学习的内容。

☞ **习题**

1. 请读者查阅电子封装的材料，找到 QFP 器件的结构图。参考本节内容，画出 QFP 的结构示意图。根据读者绘制的结构示意图绘制简化模型，参考例题 4-1，对比 QFP 与 QFN 的热阻，评估两者散热能力的优劣。

2. 请读者查阅电子封装的材料，找到陶瓷封装球栅阵列器件（Ceramic Ball Grid Array，CBGA）的结构图。参考本节内容，画出 CBGA 的结构示意图。根据读者绘制的结构示意图绘制简化模型，参考例题 4-2，对比 CBGA 与 PBGA 的热阻，评估两者散热能力的优劣。

☞ **参考文献**

[1]　LAU J H, LEE S W R. 芯片尺寸封装. 贾松良，王水弟，蔡坚，译. 北京：清华大学出版社，2003.

[2]　田文超，刘焕玲，张大兴. 电子封装结构设计. 西安：西安电子科技大学出版社，2017.

[3]　田文超. 电子封装、微机电与微系统. 西安：西安电子科技大学出版社，2012.

第 5 章　热阻网络分析

采用第 3 章推导的一维传热模型，结合微电子制造的工程常识，可以较全面地考虑封装体乃至整个微电子系统的热阻计算。本章介绍的热阻网络、界面热阻、扩散热阻和 PCB 热阻都是半定性半定量评估工程中热问题的有效手段。

5.1　热 阻 网 络

通过第 3、4 章的推导可知，类似电学中的电阻网络，热工程师将平壁划分成串联和并联层来获得等效热阻网络。假设有一复合平壁，左右两侧的温度恒定为 T_1 和 T_2，顶部和底部绝热，各层材料参数与几何尺寸如图 5-1 所示，那么该平壁的热阻网络可以看成是层 1 与层 2 并联之后再与层 3 串联。其中：

$$R_{\text{total}} = R_{12} + R_3 , \quad R_{12} = \frac{R_1 R_2}{R_1 + R_2} \tag{5-1}$$

$$\dot{Q} = \dot{Q}_1 + \dot{Q}_2 , \quad \dot{Q} = \frac{T_1 - T_2}{R_{\text{total}}} \tag{5-2}$$

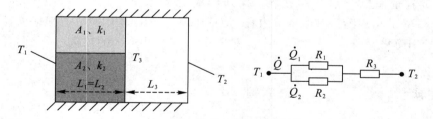

图 5-1　复合平壁的等效热阻

同理，对于长、宽尺寸远大于厚度的电子元器件可以简化成一维多层平壁模型，并利用串并联热阻构建其热阻网络，如图 5-2 所示。芯片发出的热量，一部分经由上端通过外壳向外界传递，另一部分经由芯片底部通过衬底或底板向外界传递。不管何种封装方式，热量最终都会散入周围空气，结-气热阻以 R_{ja} 命名，其定义如下：

$$R_{\text{ja}} = \frac{T_{\text{j}} - T_{\text{a}}}{P} = \frac{T_{\text{j}} - T_{\text{a}}}{\dot{Q}_{\text{ja}}} \tag{5-3}$$

其中，P 表示芯片的功率（或总的芯片散热量 $\dot{Q}_{\text{ja}}$）。评估一个封装体总体散热性能的有效指标是结-气热阻。再以 T_{c} 命名芯片上端外壳界面的温度，又称壳温，c 取自英文 cap 的首字母。芯片发出的热流量由芯片上端的路径经过，其热阻称为结-壳热阻，以 R_{jc} 命名，定义如下：

$$R_{\text{jc}} = \frac{T_{\text{j}} - T_{\text{c}}}{\dot{Q}_{\text{jc}}} \tag{5-4}$$

其中，$\dot{Q}_{jc}$ 表示从芯片传递至封装体管壳的那部分热量。又以 T_b 命名封装体底部边界的温度(亦称板温)，b 取自英文 board 的首字母。芯片发出的热流量经由芯片底部的路径，其热阻称为结-板热阻，以 R_{jb} 命名。

$$R_{jb} = \frac{T_j - T_b}{\dot{Q}_{jb}} \qquad (5-5)$$

其中，$\dot{Q}_{jb}$ 表示从芯片传递至板的那部分热量。综合式(5-3)~式(5-5)有：

$$\dot{Q}_{ja} = \dot{Q}_{jc} + \dot{Q}_{jb} \qquad (5-6)$$

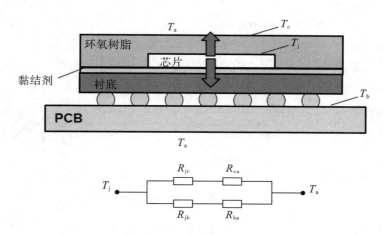

图 5-2　封装体的结-气热阻示意图

　　根据 3.2.5 的推导和图 3-9 知道，结-气热阻并不是结-壳热阻与结-板热阻并联后的总热阻，而是结-壳热阻与壳-气热阻串联、结-板热阻与板-气热阻串联，这二者再并联后的总热阻，表达如下：

$$\frac{1}{R_{ja}} = \frac{1}{R_{jc} + R_{ca}} + \frac{1}{R_{jb} + R_{ba}} \Rightarrow R_{ja} = \frac{(R_{jc} + R_{ca})(R_{jb} + R_{ba})}{R_{jc} + R_{ca} + R_{jb} + R_{ba}} \qquad (5-7)$$

　　通过式(5-7)表明：假如 $R_{jb} + R_{ba}$ 远大于 $R_{jc} + R_{ca}$，那么 $R_{ja} \approx R_{jc} + R_{ca}$，于是芯片上的所有热量几乎都通过管壳散热；同理，假如 $R_{jc} + R_{ca}$ 远大于 $R_{jb} + R_{ba}$，那么 $R_{ja} \approx R_{jb} + R_{ba}$，于是芯片上的所有热量几乎都通过板散热。结-壳热阻和结-板热阻都是导热热阻，它们取决于封装的结构尺寸和材料属性，不会随着外部环境的改变而改变。而壳-气热阻和板-气热阻是对流和辐射换热热阻，其热阻大小取决于封装的几何尺寸、表面特性、散热量、外部气流的速度和外部温度环境等条件。因为结-气热阻是上述热阻串并联后的总热阻，所以封装结构、衬底板材、外部环境等因素同样影响着结-气热阻。

　　【**例题 5-1**】　某芯片尺寸级封装的 QFN 器件如图 5-3 所示，试绘制热阻网络并评估功率为 0.5 W 时的芯片结温。

　　解　由于 QFN 器件的面积尺寸远大于厚度，则器件简化成一维多层平壁模型。又根据例题 3-3 的计算可知，芯片上的温差可以忽略不计。此外，该器件功率较小，热辐射暂不考虑，那么热阻网络可简化成图 5-4 所示。

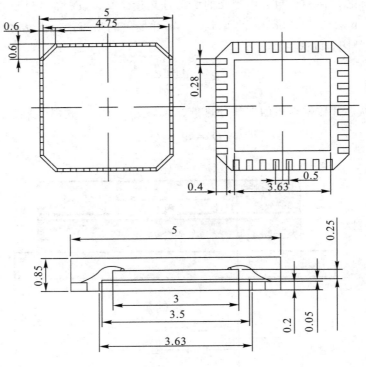

图 5-3 QFN 器件的外形与尺寸

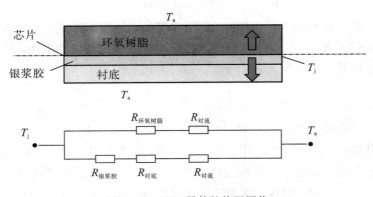

图 5-4 QFN 器件的热阻网络

通过查表 4-2 和相关工具书[1]找到各材料的导热系数，将一维模型的表面积取为器件的表面积，即 $A = 25 \text{ mm}^2$。另假设 QFN 器件暴露在 2 m/s、温度为 25℃的平流层空气中，可以用式(1-6)求得对流换热系数：

$$h = 3.9 \left(\frac{U_\infty}{L} \right)^{1/2} = 3.9 \times \left(\frac{2}{5 \times 10^{-3}} \right)^{1/2} = 78 \ (\text{W}/(\text{m}^2 \cdot \text{K}))$$

故空气的换热热阻值为

$$R_{\text{对流}} = \frac{1}{25 \times 10^{-6} \times 78} = 512.8 \ (℃/\text{W})$$

环氧树脂的热阻值为

$$R_{环氧树脂} = \frac{0.6 \times 10^{-3}}{25 \times 10^{-6} \times 0.5} = 48 \text{（℃/W）}$$

银浆胶的热阻值为

$$R_{银浆胶} = \frac{0.05 \times 10^{-3}}{25 \times 10^{-6} \times 5} = 0.4 \text{（℃/W）}$$

引线框架的热阻值为

$$R_{引线框架} = \frac{0.2 \times 10^{-3}}{25 \times 10^{-6} \times 390} = 0.02 \text{（℃/W）}$$

整理上述计算结果列入表 5-1 中，结合式（5-7）可求得图 5-3 中的结-气热阻。

$$R_{ja} = \frac{(48+512.8) \times (0.4+0.02+512.8)}{48+512.8+0.4+0.02+512.8} = 268 \text{（℃/W）}$$

表 5-1　QFN 的各热阻计算值

材　　料	环氧树脂	银浆胶	铜衬底	空气
长度 L/mm	0.6	0.05	0.2	NA
面积 $A/\mathrm{mm^2}$	25	25	25	25
导热系数 $k/(\mathrm{W \cdot (m \cdot ℃)^{-1}})$	0.5	5	390	NA
换热系数 $h/(\mathrm{W \cdot (m^2 \cdot ℃)^{-1}})$	NA	NA	NA	78
热阻值 $R/(\mathrm{℃/W})$	48	0.4	0.02	512.8

对比文献[2]可知，上面求得的结-气热阻与实测热阻相差不大，再由式（3-31）可求得芯片结点温度为

$$T_j = P_{芯片} \times R_{ja} + T_a = 0.5 \times 268 + 25 = 159 \text{（℃）}$$

显然这个计算结果比芯片可承受的最高温度略高，这是由于图 5-4 模型中将所有问题都进行了一维简化，而实际传热是三维的。此外，有部分热量原本是通过焊盘散入 PCB 的，也被认为是通过换热热阻散入了空气，所以实际的结温应当比例题中计算的要低，如图 5-5 所示。在器件热设计时，可以采用例题的方法快速评估器件结-气热阻。在实际应用中，只有在确定的测量条件下测得的结-气热阻才有意义。所以，封装行业为测量与封装器件相关的热阻设定了一系列标准，即 JEDEC-JESD51 系列。具体标准的解读、实验设定和测试条件等，将在第 7 章展开。

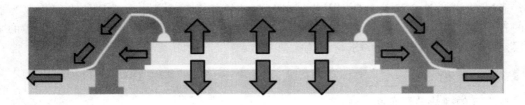

图 5-5　QFN 器件热流途径

【例题 5-2】　某型号的 BGA 器件，其内、外形结构及尺寸如图 5-6 所示，试绘制热阻网络并评估功率为 10 W 时的芯片结温。

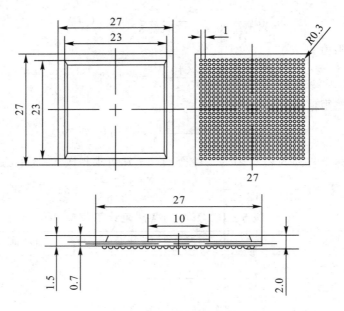

图 5 - 6　BGA 器件的外形与尺寸

解　由于 BGA 器件的长、宽尺寸远大于厚度，则器件简化成一维多层平壁模型。又根据例题 3 - 3 的计算可知，芯片上的温差可以忽略不计。此外，热辐射暂不考虑，那么热阻网络可简化成图 5 - 7 所示。

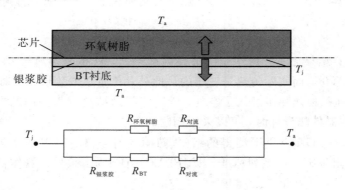

图 5 - 7　BGA 器件的热阻网络

通过查表 4 - 2 和相关工具书[1]找到各材料的导热系数，将一维模型的表面积取为器件的表面积，即 $A = 23 \times 23 = 529 \ \text{mm}^2$。另假设 BGA 器件暴露在 2 m/s、温度为 25℃ 的平流层空气中，可以用式(1 - 6)求得对流换热系数：

$$h = 3.9 \left(\frac{U_\infty}{L} \right)^{1/2} = 3.9 \times \left(\frac{2}{23 \times 10^{-3}} \right)^{1/2} = 36.37 \ (\text{W}/(\text{m}^2 \cdot \text{K}))$$

故空气的换热热阻值为

$$R_{对流} = \frac{1}{529 \times 10^{-6} \times 36.37} = 52 \ (℃/\text{W})$$

环氧树脂的热阻值为

$$R_{环氧树脂} = \frac{0.8 \times 10^{-3}}{529 \times 10^{-6} \times 0.5} = 3 \ (℃/\text{W})$$

银浆胶的热阻值为

$$R_{银浆胶}=\frac{0.05\times10^{-3}}{529\times10^{-6}\times5}=0.02（℃/W）$$

BT 衬底的热阻值为

$$R_{BT}=\frac{0.7\times10^{-3}}{529\times10^{-6}\times0.4}=3.3（℃/W）$$

整理上述计算结果列入表 5－2 中，结合式（5－7）可求得图 5－7 中的结-气热阻。

$$R_{ja}=\frac{(3+52)\times(3.3+0.02+52)}{3+52+3.3+0.02+52}=27.6（℃/W）$$

表 5－2　BGA 的各热阻计算值

材　　料	环氧树脂	银浆胶	BT 衬底	空气
长度 L/mm	0.8	0.05	0.7	NA
面积 A/mm^2	529	529	529	529
导热系数 $k/(W\cdot(m\cdot℃)^{-1})$	0.5	5	0.4	NA
换热系数 $h/(W\cdot(m^2\cdot℃)^{-1})$	NA	NA	NA	36.37
热阻值 $R/(℃/W)$	3	0.02	3.3	52

对比文献[2]可知上面求得的结-气热阻与实测热阻相差不大，再由式（3－31）可求得芯片结点温度为

$$T_j=P_{芯片}\times R_{ja}+T_a=10\times27.6+25=301（℃）$$

显然这个计算结果超出了芯片可承受的最高温，要降低 BGA 内的芯片结温，还需要通过增大换热面积和系数来达到。例如，给 BGA 增加外置风扇，提高表面风速至 $10\ m/s$，那么采用湍流层空气换热系数计算得

$$h=3.9\left(\frac{U_\infty^4}{L}\right)^{1/5}=5.5\times\left(\frac{10^4}{23\times10^{-3}}\right)^{1/5}=73.8（W/(m^2\cdot K)）$$

那么空气热阻重新计算为

$$R_{对流}=\frac{1}{529\times10^{-6}\times73.8}=25.6（℃/W）$$

结-气热阻重新计算为

$$R_{ja}=\frac{(3+25.6)\times(3.3+0.02+25.6)}{3+25.6+3.3+0.02+25.6}=14.4（℃/W）$$

再由式（3－31）可重新求得芯片结点温度为

$$T_j=P_{芯片}\times R_{ja}+T_a=10\times14.4+25=169（℃）$$

此结果值比原计算结果值降低了很多，这说明风扇有效降低了 BGA 器件内的芯片结温。但是该结果仍然超出了芯片可承受的最高温，这是因为模型中未充分考虑增加散热器、辐射换热的影响。当考虑的工程实际因素越多时，热阻网络模型评估的芯片结温就越合理，这是半定性半定量热分析的基本思路。本节例题中许多未考虑的因素，如黏合剂层其界面的空隙通常会造成温度传递的不连续，从而引起新的接触热阻和界面热阻；芯片的尺寸通常不同于铜帽和衬底的尺寸，从而引起新的扩散或者集中热阻；比如散热器的热阻如何计算等。接下来的章节，将对这些情况展开讨论。

☞ **习题**

1. 请读者查阅文献找到 QFP 器件的结构和尺寸，试绘制其热阻网络并评估功率为 2 W 时的芯片结温。

2. 请读者查阅文献找到 CBGA 器件的结构和尺寸，试绘制其热阻网络并评估功率为 20 W 时的芯片结温。

3. 仍然是例题 5 - 1 中的 QFN 器件，如果器件表面积分别为 $A_1=3\times3=9$ mm²、$A_2=7\times7=49$ mm²、$A_3=10\times10=100$ mm²，试评估功率为 0.5 W 时的芯片结温，绘图对比芯片结温变化的趋势图。

4. 仍然是例题 5 - 2 中的 BGA 器件，如果器件的 BT 衬底厚度 $L_1=0.2$ mm、$L_2=0.4$ mm、$L_3=1$ mm，试评估功率为 10 W 时的芯片结温，绘图对比芯片结温变化的趋势图。

☞ **参考文献**

[1] DANIEL LU，WONG C P. 先进封装材料. 陈明祥，尚金堂，译. 北京：机械工业出版社，2005.

[2] LAU J H，LEE S W R. 芯片尺寸封装. 贾松良，王水弟，蔡坚，译. 北京：清华大学出版社，2003.

5.2 界面热阻

两个连续体互相接触时热量就会通过接触面传递，然而理想的接触表面要求一个面上的每个点在另一个面上都有与之相对应的接触点，实际工程中很难找到两个完美契合的表面，大多是使用了某种形式的黏合剂致使两个表面的颗粒之间形成了共价键。如果利用显微镜等仪器观察，在微观视角下两个表面实际的接触其实是具有空气隙的点接触。由于空气是较为低效的导热体，所以接触表面间的空气隙就形成了热阻，阻碍了传热过程，单位接触面积的热阻称为接触热阻 R_c，单位是 $(℃/W)/m^2$，如图 5 - 8 所示。

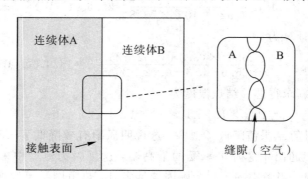

图 5 - 8　接触热阻示意图

如果两接触面越光滑，则空隙就越小、接触面就越多，因此热阻就会降低。同样的，如果两个表面挤压得更紧实，则空隙就越小、接触面就越多，因此热阻就会降低。当两个连续体处于理想接触的情况下时，其温度分布在界面处是连续的，而在实际接触情况下，其温度分布在界面处是不连续的，如图 5 - 9 所示。这里的温差是界面热阻造成的，其定义如下：

$$R_{\text{int}} = \frac{R_{\text{c}}}{A_{\text{int}}} \tag{5-8}$$

其中，R_{c} 和 A_{int} 分别指接触热阻和接触表面积。那么界面处的温差等于：

$$\Delta T_{\text{int}} = \dot{Q} R_{\text{int}} \tag{5-9}$$

式中，$\dot{Q}$ 指通过接触界面的热流量。它也可以用牛顿冷却公式来表示：

$$\dot{Q} = h_{\text{c}} A_{\text{int}} \Delta T_{\text{int}} \tag{5-10}$$

式中，h_{c} 称为界面的接触导热，其单位是 W/(m² · ℃)，有些文献用接触导热替代接触热阻来衡量界面的传热能力。在电子封装工艺的众多界面中，总是存在着界面热阻，界面热阻必须被考虑在热工程师所创建的热阻网络中，只有界面处于两个低导热性材料中，才可以被忽略不计。

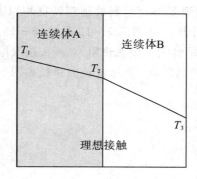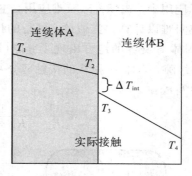

图 5 - 9　界面热阻与温度分布示意图

　　界面热阻的存在大大降低了封装体散热的效率，应在封装热设计中避免该类问题，常见的解决办法是在两个连续体接触面之间填充易变形、导热率高的材料，这种材料称为热界面材料（Thermal Interface Material，TIM）。热界面材料的导热系数比空气的导热系数高 1～2 个数量级，因此可以明显降低界面热阻。热界面材料由充满导热固体颗粒的软基材料组成，常见的基材有硅、聚合橡胶、环氧树脂和蜡，常见的填充物有氧化铝、氧化镁、氮化铝、氮化硼和银。封装工艺中常用的热界面材料有银浆胶、导热胶、合成橡胶垫、导热带和其他黏合剂。需要注意的是，所有热界面材料的导热系数都远低于金属材料和半导体材料（见表 4 - 2），因为它是有机材料为主、金属材料为辅的混合物，有机材料比例高则机械黏结越强，金属材料比例高则导热、导电能力强，如图 5 - 10 所示的银浆胶。热界面材料可以有效降低界面热阻仅仅是因为它的导热率比空气高，运用热界面材料是否可以有效降低整体热阻，还需具体问题具体考虑。

　　热界面材料减少了接触面间的空隙，但是并不能完全消除它，如图 5 - 11 所示。由于它与两侧表面之间仍存在空隙，所以填充在连续体 A 和连续体 B 之间的热界面材料的有效热阻是其本身的导热热阻与两边界面的界面热阻的串联，如下式所示：

$$R_{\text{TIM}} = R_{\text{d}} + R_{\text{int1}} + R_{\text{int2}} \tag{5-11}$$

其中 R_{d} 指热界面材料的本体热阻，d 指热界面材料的厚度，它可以写成：

$$R_{\text{d}} = \frac{d}{k \cdot A_{\text{int}}} \tag{5-12}$$

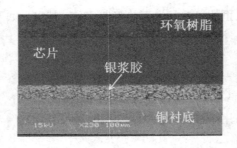

图 5-10　热界面材料"银浆胶"

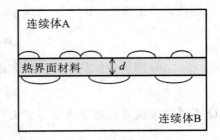

图 5-11　热界面材料示意图

通过热阻的定义可知，接触面积、导热系数和厚度（压力）是影响热界面材料的三个关键因素。热界面材料受到的压力越大，则热界面材料的厚度变小，同时界面的空隙也越小，两者共同造成界面热阻减小。

然而实际应用中，式（5-8）较难应用，主要是界面材料的微观特征难以有效测量，从而造成界面热阻难以计算。类似的、可行的计算方法如图 5-12 和式（5-13）所示。假设在固体 A 与固体 B 交界的地方出现了缝隙（即出现了接触热阻），那么选取厚度为 d 的区域，该区域由缝隙、固体 A 和 B 的接触部分共同组成，热量流经的路径如图 5-8 所示，则界面热阻可以写成：

$$\frac{1}{R_{\text{int}}} = \frac{1}{R_A + R_B} + \frac{1}{R_{\text{缝隙}}} \tag{5-13}$$

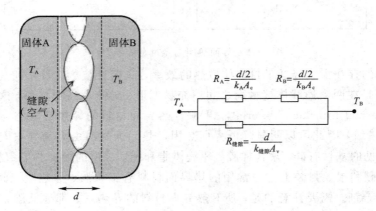

图 5-12　界面热阻与温度分布示意图

这里假设厚度为 d 的区域内的导热热阻，固体 A 占 50%、B 占 50%，所以 R_A 和 R_B 可以写成：

$$R_A = \frac{d/2}{k_A A_c}, \; R_B = \frac{d/2}{k_B A_c} \tag{5-14}$$

而缝隙的厚度可以近似成 d，则其导热热阻可以写成：

$$R_{\text{缝隙}} = \frac{d}{k_{\text{缝隙}} A_v} \tag{5-15}$$

其中，A_c 指的是接触面积，A_v 指的是缝隙面积，$k_{\text{缝隙}}$ 指的是缝隙中物质的导热率，它可以是空气也可以是其他润滑剂等填充物。实际应用中，区域 d 的选取取决于选取的部分是否能有效表现界面缝隙的特征，而固体 A 和 B 的占比也不是一成不变的 50%，应以实际观察的结果为准。

【例题 5-3】 考虑一轻负载，空气环境中的 10 cm^2 铝土/硅界面，典型的实际接触面占 0.5%，d 取 $25 \text{ }\mu\text{m}$。假定界面间隙填充物是润滑油，其导热率是 $k=1.1 \text{ W/(m·K)}$，若 5 W 的热量通过界面，求界面两端的温差。

解　根据问题的描述，查找铝土和硅的导热率 k 分别是 22 W/(m·K)和 130 W/(m·K)，接触面积是 $0.5\% \times 10 = 0.05 \text{ cm}^2 = 0.05 \times 10^{-4} \text{ m}^2$，缝隙面积是 $9.95 \times 10^{-4} \text{ m}^2$，根据式（5-13）有

$$\frac{1}{R_{\text{int}}} = \frac{1}{\frac{25 \times 10^{-6}}{2 \times 22 \times 0.05 \times 10^{-4}} + \frac{25 \times 10^{-6}}{2 \times 130 \times 0.05 \times 10^{-4}}} + \frac{1}{\frac{25 \times 10^{-6}}{1.1 \times 9.95 \times 10^{-4}}}$$

$$\Rightarrow R_{\text{int}} \approx 0.02 \text{ (℃/W)}$$

则温差可以计算得

$$\Delta T = \dot{Q} \times R_{\text{int}} = 5 \times 0.02 = 0.1 (℃)$$

【例题 5-4】 仍然是上面的案例，缝隙中不是填充物而是空气，那么界面两端的温差又是多少？

解　查找空气的导热率是 $k=0.026 \text{W/(m·K)}$，根据式（5-8）有

$$\frac{1}{R_{\text{int}}} = \frac{1}{\frac{25 \times 10^{-6}}{2 \times 22 \times 0.05 \times 10^{-4}} + \frac{25 \times 10^{-6}}{2 \times 130 \times 0.05 \times 10^{-4}}} + \frac{1}{\frac{25 \times 10^{-6}}{0.026 \times 9.95 \times 10^{-4}}}$$

$$\Rightarrow R_{\text{int}} \approx 0.12 \text{ (℃/W)}$$

则温差可以计算得：

$$\Delta T = \dot{Q} \times R_{\text{int}} = 5 \times 0.12 = 0.6 \text{ (℃)}$$

对比例题 5-3 和例题 5-4 的计算结果，可以发现填充物的添加可以有效降低热阻并减少界面两端的温差（大约是空气的 1/6）。这是缓解界面处温度不连续现象的常用办法。

☞ **习题**

1. 假设银浆胶与芯片底部的实际接触面积是 0.02%，d 取 $5 \text{ }\mu\text{m}$。假定界面间隙是空气，若 1 W 的热量通过界面，求芯片/银浆胶界面的热阻以及界面两端的温差。

2. 假设银浆胶与铜衬底的实际接触面积是 0.02%，d 取 $5 \text{ }\mu\text{m}$。假定界面间隙是空气，若 1 W 的热量通过界面，求银浆胶/铜界面的热阻以及界面两端的温差。对比两道习题的计算结果，我们能发现什么？对比习题与例题的计算结果，我们能发现什么？

3. 有一双层玻璃窗，两个玻璃层之间用空气隔开。试说明当温度升高时，该双层玻璃窗的热阻会如何变化。假定玻璃的导热系数不随温度变化而变化，其在空气层不存在对流和辐射换热。

5.3　扩 散 热 阻

在微电子系统的实际传热中，热流途径往往是三维的，采用前面章节的热阻及其热阻网络分析问题，相当于在一维传热的假定下分析三维传热问题，如图 5-13 所示。如果热源向其他两个方向的传热量相较于主传热路径而言不能忽略不计，那么这种半定性半定量

的热分析将会发生严重的错误。此时，可以自定义一个一维热阻来代表在非主传热路径上的热阻，这样损失在非主传热路径上的传热量就可以被考虑到整体的热阻网络中，从而增加热阻模型的精确度。这个自定义的热阻称为扩散热阻或集中热阻。扩散热阻指热源尺寸比散热器小的情况，集中热阻指热源尺寸比散热器大的情况，电子封装中的芯片尺寸往往小于其散热片尺寸，所以扩散热阻在现实应用的情况更频繁。

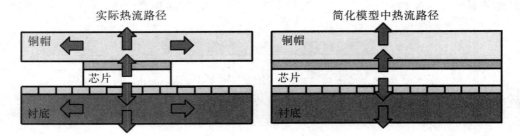

图 5-13　三维传热与一维模型的对比

假定有一个半径为 r_1 的圆形热源黏附在一个半径为 r_2 的、厚度为 t 的圆形散热器上，热量通过散热器的顶部向外界传递。散热器顶部暴露在温度为 T_a、表面传热系数为 h 的空气中，其他所有表面都是绝热的，如图 5-14 所示。那么总热阻可以写成：

$$R_{\text{total}} = \frac{T_{\max} - T_a}{\dot{Q}} \tag{5-16}$$

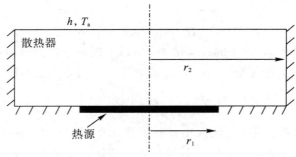

图 5-14　圆形热源与散热器示意图

根据文献[1]的计算，LEE 等人求得了 R_{total} 的详细解（一个无穷级数的形式，本书不做详细展开），这里将其近似成散热器导热热阻、扩散热阻与对流热阻的串联：

$$R_{\text{total}} = R_{\text{cond}} + R_{\text{sp}} + R_{\text{conv}} \tag{5-17}$$

$$R_{\text{total}} = \frac{t}{\pi k r_2^2} + R_{\text{sp}} + \frac{1}{\pi h r_2^2} \tag{5-18}$$

πr_2^2 是散热器的表面积，LEE 等人给出的扩散热阻表达式是：

$$R_{\text{sp}} = \frac{(1-\varepsilon)\phi}{\pi k r_1} \tag{5-19}$$

其中：

$$\phi = \frac{\tanh(\lambda\tau) + \lambda/\text{Bi}}{1 + (\lambda/\text{Bi}) \times \tanh(\lambda\tau)} , \quad \lambda = \pi + \frac{1}{\varepsilon\sqrt{\pi}}, \quad \text{Bi} = \frac{hr_2}{k}, \quad \tau = \frac{t}{r_2}, \quad \varepsilon = \frac{r_1}{r_2} \tag{5-20}$$

如果该案例中的热源和散热器从圆形变为方形，那么 r_1 和 r_2 应写成：

$$r_1 = \sqrt{\frac{A_c}{\pi}} \ , \ r_2 = \sqrt{\frac{A_s}{\pi}} \tag{5-21}$$

其中，A_c 是热源与散热器的接触表面积，A_s 是散热器的面积。

【例题 5-5】　一芯片的尺寸为 10 mm×10 mm、厚为 0.5 mm，通过 0.05 mm 厚的热界面材料与热扩散铜板黏结在一起，铜板的尺寸为 25 mm×25 mm、厚为 2 mm，铜板的表面换热系数是 2500 W/(m·℃)，求芯片与外部环境之间的各个热阻与总热阻。

解　查表 4-2 得导热系数，可先求芯片、热界面材料、铜板和换热热阻：

$$R_{die} = \left(\frac{L}{kA}\right)_{die} = \frac{0.5 \times 10^{-3}}{120 \times 0.01^2} = 0.04 \ (℃/W)$$

$$R_{TIM} = \left(\frac{L}{kA}\right)_{TIM} = \frac{0.05 \times 10^{-3}}{5 \times 0.01^2} = 0.1 \ (℃/W)$$

$$R_{HeatSink} = \left(\frac{L}{kA}\right)_{HeatSink} = \frac{2 \times 10^{-3}}{390 \times 0.025^2} = 0.008 \ (℃/W)$$

$$R_{conv} = \left(\frac{1}{hA}\right)_{conv} = \frac{1}{2500 \times 0.025^2} = 0.64 \ (℃/W)$$

根据问题的描述，知道热源的面积是 $A_c = 0.01^2 \ m^2$，散热器的面积是 $A_s = 0.025^2 \ m^2$。那么根据前述公式有：

$$r_1 = \sqrt{\frac{A_c}{\pi}} = \sqrt{\frac{0.01^2}{\pi}} = 0.0056 \ (m)$$

$$r_2 = \sqrt{\frac{A_s}{\pi}} = \sqrt{\frac{0.025^2}{\pi}} = 0.0141 \ (m)$$

$$\varepsilon = \frac{r_1}{r_2} = \frac{0.0056}{0.0141} = 0.397$$

$$\tau = \frac{t}{r_2} = \frac{0.002}{0.0141} = 0.142$$

$$Bi = \frac{hr_2}{k} = \frac{2500 \times 0.141}{390} = 0.09$$

$$\lambda = \pi + \frac{1}{\varepsilon \sqrt{\pi}} = \pi + \frac{1}{0.397\sqrt{\pi}} = 4.563$$

$$\phi = \frac{\tanh(\lambda\tau) + \lambda/Bi}{1 + (\lambda/Bi) \times \tanh(\lambda\tau)} = \frac{\tanh(4.563 \times 0.142) + 4.563/0.09}{1 + (4.563/0.09) \times \tanh(4.563 \times 0.142)} = 1.714$$

代入上述计算结果，可以求得扩散热阻：

$$R_{sp} = \frac{(1-\varepsilon)\phi}{\pi k r_1^2} = \frac{(1-0.397) \times 1.714}{\pi \times 390 \times 0.0056} = 0.151 \ (℃/W)$$

代入上述计算结果，可以求得总热阻：

$$R_{total} = R_{die} + R_{TIM} + R_{HeatSink} + R_{sp} + R_{conv}$$

$$R_{total} = 0.042 + 0.1 + 0.008 + 0.151 + 0.64 = 0.941 \ (℃/W)$$

将上述数值列入表 5-3 中，可以发现：

(1) 扩散热阻占到了总热阻的 16%，这说明当热源尺寸与散热片尺寸有不可忽略的尺寸差异时，热阻计算必须考虑扩散热阻，否则计算结果将有较大偏差；

（2）热界面材料占到了总热阻的 10%，如果还考虑接触热阻等影响，界面热阻也将对计算结果带来超过 1 成的影响，在热阻网络构建中是不能忽视的因素；

（3）对流热阻占到了总热阻的 68%，这说明想要降低芯片结温，增加对流面积和增大热对流系数是最直接有效的方法。

表 5-3 各热阻在总热阻中的贡献

R_{total}	R_{die}	R_{TIM}	$R_{HeatSink}$	R_{sp}	R_{conv}
0.941	0.042	0.1	0.008	0.151	0.64
占比	4.46%	10.63%	0.85%	16.05%	68.01%

☞ **习题**

1. 一芯片的尺寸为 10 mm×10 mm、厚为 0.5 mm，通过 0.05 mm 厚的热界面材料与热扩散铝板黏结在一起，铝板的尺寸为 25 mm×25 mm、厚为 2 mm，铝板的表面换热系数是 2500 W/(m·℃)，求芯片与外部环境之间的总热阻。

2. 比较第 1 题与例题 5-5 计算结果，比较铜与铝制散热器的优缺点。

☞ **参考文献**

[1] LEE S, SONG S, AU V, MORAN K P. Constriction/spreading resistance model for electronics packaging. Proceedings of ASME/JSME Thermal Engineering Conference, Maui, Hawaii, 1995(4): 199-206.

5.4 PCB 热阻

PCB(Print Circuit Board)是复杂的多层结构，主要由导热系数高的铜层和导热系数低的环氧玻璃(FR4)构成。由于铜的导热系数 $k=390$ W/(m·K) 是环氧玻璃 $k=0.3$ W/(m·K) 的一千多倍，这造成大部分热量到达铜层后会沿着其自身平面方向传递，而不是大部分透过铜层继续向 PCB 的法线方向传递，如图 5-15 所示。所以，PCB 通常情况下被视作一个导热系数正交各向异性的物体。然而现代 PCB 制造中，板子包含了太多的铜层和环氧玻璃层，不可能逐层计算各个热阻。为了方便计算，这里假设 PCB 是一个整体，它有一个平面方向的等效导热率 k_p 和一个法线方向的等效导热率 k_n，它们可通过如下方式求得。设某三层铜层的 PCB 如图 5-16 所示，厚度为 t，长度为 L，宽度为 w，正表面积为 $A=L×w$，

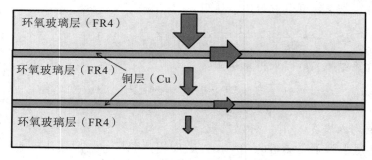

图 5-15 PCB 中的热量传递路径

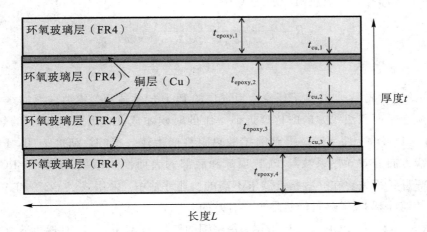

图 5 - 16　三层板的结构示意图

侧表面积为 $A = t \times w$，各个铜层的厚度为 $t_{cu,1}$、$t_{cu,2}$、$t_{cu,3}$，各个环氧玻璃层的厚度为 $t_{epoxy,1}$、$t_{epoxy,2}$、$t_{epoxy,3}$、$t_{epoxy,4}$，k_{cu} 和 k_{epoxy} 是铜和环氧玻璃的导热系数。考虑在该截面 A 法线方向上的热传递是一维的（不考虑对流和换热），那么法线方向的总热阻就是各层本体导热热阻的串联，可以写成：

$$R_n = R_{epoxy,1} + R_{cu,1} + R_{epoxy,2} + R_{cu,2} + R_{epoxy,3} + R_{cu,3} + R_{epoxy,4} \qquad (5-22)$$

整理式(5-22)可以写成：

$$R_n = \frac{t_{epoxy,1}}{k_{epoxy}A} + \frac{t_{epoxy,2}}{k_{epoxy}A} + \frac{t_{epoxy,3}}{k_{epoxy}A} + \frac{t_{epoxy,4}}{k_{epoxy}A} + \frac{t_{cu,1}}{k_{cu}A} + \frac{t_{cu,2}}{k_{cu}A} + \frac{t_{cu,3}}{k_{cu}A} \qquad (5-23)$$

如果 t_{epoxy} 表示环氧玻璃层的总厚度，t_{cu} 表示铜层的总厚度，那么有

$$t_{epoxy} = t_{epoxy,1} + t_{epoxy,2} + t_{epoxy,3} + t_{epoxy,4}，t_{cu} = t_{cu,1} + t_{cu,2} + t_{cu,3} \qquad (5-24)$$

将式(5-24)代入式(5-23)得到：

$$R_n = \frac{t_{epoxy}}{k_{epoxy}A} + \frac{t_{cu}}{k_{cu}A} \qquad (5-25)$$

令式(5-25)等于等效热阻的表达式为

$$R_n = \frac{t_{epoxy}}{k_{epoxy}A} + \frac{t_{cu}}{k_{cu}A} = \frac{t}{k_n A} \qquad (5-26)$$

$$\Rightarrow k_n = \frac{t}{t_{epoxy}/k_{epoxy} + t_{cu}/k_{cu}} \qquad (5-27)$$

同样，考虑热量在平面方向上的热传递是一维的（不考虑对流和换热），那么平面方向的总热阻就是各层本体导热热阻的并联，可以写成：

$$\frac{1}{R_p} = \frac{1}{R_{epoxy,1}} + \frac{1}{R_{cu,1}} + \frac{1}{R_{epoxy,2}} + \frac{1}{R_{cu,2}} + \frac{1}{R_{epoxy,3}} + \frac{1}{R_{cu,3}} + \frac{1}{R_{epoxy,4}} \qquad (5-28)$$

代入侧面积式 $A = t \times w$，整理式(5-28)得到：

$$\frac{1}{R_p} = \frac{k_{epoxy}t_{epoxy}w + k_{cu}t_{cu}w}{L} \qquad (5-29)$$

$$\Rightarrow R_p = \frac{L}{k_{epoxy}t_{epoxy}w + k_{cu}t_{cu}w} \qquad (5-30)$$

令式(5-27)等于等效热阻的表达式为

$$R_p = \frac{L}{k_{epoxy}t_{epoxy}w + k_{cu}t_{cu}w} = \frac{L}{k_p tw} \tag{5-31}$$

$$\Rightarrow k_p = \frac{k_{epoxy}t_{epoxy} + k_{cu}t_{cu}}{t} \tag{5-32}$$

式(5-25)和式(5-32)对于任意数目铜层的PCB依然适用。需要注意的是，这些表达式只有热量在平面和法线方向的传递近似一维的时候才成立，比如PCB上的热源尺寸远小于PCB本身尺寸，那上一节提到的扩散热阻将产生较大影响。研究表明，PCB真实的平面和法线方向等效导热系数与PCB顶部和底部的表面换热系数、热源与PCB尺寸比、铜层位置等息息相关。在一些精度要求不高的快速评估中，采用式(5-27)和式(5-32)半定性半定量地计算PCB热阻仍然是十分有效的。

【例题5-6】　一PCB有4层铜层，每层铜的厚度为25 μm，PCB厚度为2.5 mm，求PCB的平面和法线方向的等效导热率。

解　先求得铜层的总厚度和环氧玻璃层的总厚度：

$t_{cu} = 4 \times 25 \ \mu m = 100 \ \mu m = 0.1 \ mm$，$t_{epoxy} = 2.5 \ mm - 0.1 \ mm = 2.4 \ mm$

查表4-2得导热系数，可求法线方向导热率：

$$k_n = \frac{t}{t_{epoxy}/k_{epoxy} + t_{cu}/k_{cu}} = \frac{2.5}{2.4/0.3 + 0.1/390} = 0.3125 \ (W/(m \cdot ℃))$$

查表4-2得导热系数，可求平面方向导热率：

$$k_p = \frac{0.3 \times 2.4 + 390 \times 0.1}{2.5} = 15.888 \ (W/(m \cdot ℃))$$

计算结果表明，PCB的平面导热率比法向导热率高出两个数量级。此外，PCB的法向导热率并没有因为铜层的增加而显著提高，它仍然近似等于环氧玻璃的导热率。

在PCB的制造中，由于各层之间的导通连接需要设计和加工大量的孔洞，主要包括通孔(Through-hole)、盲孔(Blind via)和埋孔(Buried via)。这些孔洞除了提供电信号的导通以外，还附带导热的功能，因为铜既是导电材料又是导热材料。特别是通孔，它可以有效提高PCB厚度方向上的热传递效率。因此，当通孔的面积不能忽略的时候，PCB法向等效导热率的计算要考虑热通孔的影响。简单的一维热通孔模型如图5-17所示。对于单个热通孔而言，它的热阻是

$$R_{via} = \frac{t}{k_{cu}\pi(r_{via,o}^2 - r_{via,i}^2) + k_{fill}\pi r_{via,i}^2} \tag{5-33}$$

其中，k_{fill}是通孔中填充材料的导热率，一般是空气，而空气的导热率较低，该项可以忽略不计。如果PCB上有 N 个通孔，那么不含热通孔部分的热阻是

$$R_n = \frac{t}{k_n(A - \pi N r_{via,o}^2)} \tag{5-34}$$

含热通孔部分的法向热阻用 $R_{n,with-via}$ 表示，相当于 N 个热通孔的热阻与式(5-31)中热阻的并联，因为它们都是在PCB的厚度方向上做一维热传递。那么 $R_{n,with-via}$ 可以写成：

$$\frac{1}{R_{n,\,with-via}}=\frac{N}{R_{via}}+\frac{k_n(A-\pi N r_{via,o}^2)}{t} \tag{5-35}$$

那么含通孔的 PCB 的法向等效导热率是

$$k_{n,\,with-via}=\frac{t}{AR_{n,\,with-via}} \tag{5-36}$$

通孔导热除了在 PCB 中的应用以外，在三维封装中也较为常见。特别是一些硅通孔的设计专门就是为了加速导通层叠芯片上的热量。

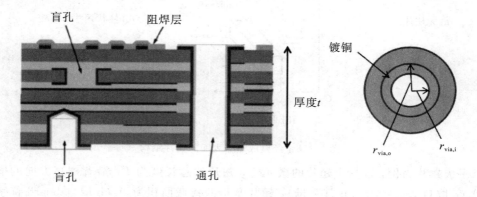

图 5-17　PCB 中的孔洞与热通孔模型

☞ **习题**

1. 一 PCB 有 2 层铜层，每层铜的厚度为 35 μm，PCB 厚为 2 mm，求 PCB 的平面和法线方向的等效导热率。

2. 一 500 mm×500 mm 的 PCB，板厚 2 mm，中间夹了 3 层 0.075 mm 厚的铜层。PCB 的正面加装了风扇，可以考虑为湍流层，空气流速为 15 m/s。PCB 背面没有加装风扇，可以考虑为平流层，空气流速为 3 m/s。导热系数参见表 4-2，假设板子的总热量为 250 W，请完成：

(1) 计算 PCB 的法向和平面导热系数；

(2) 绘制该板子从正面的空气至背面的空气的热阻网络，并计算总热阻；

(3) 如果室温为 20℃，试求板子两端的温差。

5.5 翅片与散热器

5.5.1 翅片方程

在例题 5-2 的计算中得知，逻辑芯片的封装方式通常需要黏结散热器以达到降低芯片结温至安全区域的目的。散热器的基底(又称翅基)上连接了众多翅片，这些翅片可以增大换热面积、增强对流和辐射换热系数。经典散热器表面的翅片结构如图 5-18 所示。

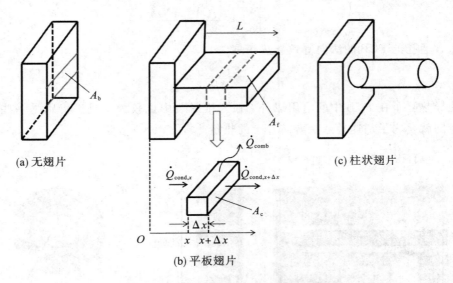

(a) 无翅片　　　　　　(b) 平板翅片　　　　　(c) 柱状翅片

图 5-18　经典散热器表面的翅片结构

以平板翅片为例，取一个翅片的微元体，翅片的总长度为 L，沿着翅高方向的横截面积为 A_c（c 取自 cross-section 首字母），翅片基板的横截面积为 A_b（b 取自 board 首字母），翅片的总表面积为 A_f（f 取自 fin 首字母），横截周长为 P，导热率为 k。假定翅片表面对流和辐射的综合换热系数为 $h=h_{comb}$，T_a 为环境温度，h_{comb} 和 T_a 为常数。根据能量守恒有：流入微元体的导热热流等于流出微元体的导热热量和在微元体中以换热散出的热量：

$$\dot{Q}_{cond,x}=\dot{Q}_{cond,x+\Delta x}+\dot{Q}_{comb} \qquad (5-37)$$

其中，$\dot{Q}_{comb}=h_{comb}\Delta A(T-T_a)$，重新整理上式得

$$\dot{Q}_{cond,x+\Delta x}-\dot{Q}_{cond,x}+h_{comb}\Delta A(T-T_a)=0 \qquad (5-38)$$

对方程两端除以 Δx 得

$$\frac{\dot{Q}_{cond,x+\Delta x}-\dot{Q}_{cond,x}}{\Delta x}+h_{comb}\frac{\Delta A}{\Delta x}(T-T_a)=0 \qquad (5-39)$$

当 $\Delta x \to 0$ 时，对式(5-39)取极限有

$$\frac{d\dot{Q}_{cond}}{dx}+h_{comb}\frac{dA}{dx}(T-T_a)=0 \qquad (5-40)$$

令 $\dot{Q}_{cond}=-kA_c\dfrac{dT}{dx}$，则有

$$\frac{d}{dx}\left(kA_c\frac{dT}{dx}\right)-h_{comb}\frac{dA}{dx}(T-T_a)=0 \qquad (5-41)$$

式(5-41)是翅片导热控制方程，翅片内无内热源且为一维导热。又由于翅片的导热率不变、沿翅高方向得横截面积和周长均为常数，则有 $A=PL$，$dA/dx=P$，式(5-41)可以整理为

$$\frac{d^2 T}{dx^2}-\frac{h_{comb}P}{kA_c}(T-T_a)=0 \qquad (5-42)$$

这里定义一个新变量 $\theta=T-T_a$ 和新参数 $a=\sqrt{h_{comb}P/kA_c}$，那么由上式有

$$\frac{\mathrm{d}^2\theta}{\mathrm{d}x^2} - a^2\theta = 0 \tag{5-43}$$

式(5-43)只适用于导热率不变、沿翅高方向的横截面积和周长为常数的翅片导热(即 $A_b = A_c$)。它的通解可以写成:

$$\theta = C_1 \mathrm{e}^{ax} + C_2 \mathrm{e}^{-ax} \tag{5-44}$$

其中,常数 C_1、C_2 可以由翅片基底处和翅片顶端的边界条件确定,通常翅片基底处的边界条件选择为一类边界条件(温度条件),即

$$\theta(x=0) = \theta_b = T_b - T_a \tag{5-45}$$

这里 T_b 表示翅片基底温度,$\theta_b = T_b - T_a$ 表示翅片基底温度与环境温度之差。而对于翅片顶端,则有以下三种可能的边界条件。

1. 无限长翅片

假设翅片温度从翅基底沿翅高度方向是逐步降低的,那么在顶端的温度应该是翅基温度 T_b 与环境温度 T_a 之间的某个值。如果翅片足够长,则翅顶温度将接近环境温度,此时有边界条件:

$$\begin{cases} \theta(x=0) = \theta_b \\ \theta(x=L) = 0, \ L \to \infty \end{cases} \tag{5-46}$$

通过边界条件可以求得常数 C_1、C_2:

$$C_1 = 0, \ C_2 = \theta_b \tag{5-47}$$

因此,翅片方程的解可以写成:

$$\theta = \theta_b \mathrm{e}^{-ax} \ \text{或} \ T - T_a = (T_b - T_a)\mathrm{e}^{-ax} \tag{5-48}$$

又由于翅片的总传热量等于翅基底处的导热量,根据傅里叶导热定律有

$$\dot{Q}_f = -kA_c \frac{\mathrm{d}T}{\mathrm{d}x}\Big|_{x=0} = \theta_b \sqrt{h_{comb} P k A_c} \tag{5-49}$$

根据式(5-48)可以绘制温度在翅片上的分布,如图 5-19 所示,其中,$P = 0.106$ m,$h_{comb} = 35$ W/m·℃,$A_c = 0.000\,15$ m²,$T_b = 90$℃,$T_a = 25$℃,那么铝制翅片有 $a = 10.85$ m⁻¹,铜制翅片有 $a = 7.96$ m⁻¹。从温度下降的趋势可以发现,热量在翅基处散发的较多,在翅顶处散发的较少。散热器的导热系数越高,则降温越缓、热阻越小。当翅片无穷长时,翅顶处的温度接近环境温度。根据式(5-47)绘制出翅片热流方向,如图 5-20 所示,由于大部分热量在翅基处就开始散发,至翅顶处的热量传递已经较小,那么可以采用变截面的翅片设计,通过截去在翅片上端多余的散热面来节省材料、减轻重量,从而提高散热器产品的性价比。

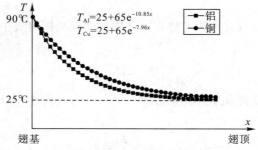

图 5-19　无限长翅片上的温度分布

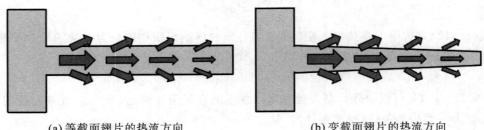

(a) 等截面翅片的热流方向　　　　　　　　　(b) 变截面翅片的热流方向

图 5-20　翅片的热流方向

2. 翅顶绝热

通常翅片顶部的面积远小于翅片总表面积，因此可以认为翅顶的热流量可以忽略不计，即翅顶为绝热，此时有边界条件：

$$\begin{cases} \theta(x=0)=\theta_b \\ \dfrac{\mathrm{d}\theta}{\mathrm{d}x}\Big|_{x=L}=0 \end{cases} \tag{5-50}$$

利用边界条件可以获得联立方程组：

$$\begin{cases} C_1+C_2=\theta_b \\ C_1 e^{aL}-C_2 e^{-aL}=0 \end{cases} \tag{5-51}$$

可以求得常数 C_1、C_2：

$$C_1=\frac{\theta_b e^{-aL}}{e^{aL}+e^{-aL}},\ C_2=\frac{\theta_b e^{aL}}{e^{aL}+e^{-aL}} \tag{5-52}$$

因此，翅片方程的解可以写成：

$$\theta=\theta_b\frac{\cosh[a(L-x)]}{\cosh(aL)} \tag{5-53}$$

同样根据傅里叶导热定律求得总热流量：

$$\dot{Q}_f=-kA_c\frac{\mathrm{d}T}{\mathrm{d}x}\Big|_{x=0}=\theta_b\sqrt{h_{comb}PkA_c}\tanh(aL) \tag{5-54}$$

当 $L\to\infty$ 时，$\tanh(aL)\to1$，则翅顶绝热的热流量式(5-54)就和无限长翅片的热流量式(5-49)一样了。运用式(5-54)，取 $aL=1$、$aL=2$、$aL=3$ 时，相应地有 $\tanh(aL)=0.762$、$\tanh(aL)=0.964$、$\tanh(aL)=0.995$，这说明在几何尺寸相同、环境条件相同的情况下，翅顶绝热的热流量是无限长翅片热流量的 76.2%、96.4%、99.5%，因此当翅片长 $L=3/a$ 时，翅片长度增加将不会增加翅片的总热流量，如图 5-19 所示。

3. 翅顶综合换热

假设翅片顶端热流以对流和辐射的方式共同传递至周围空气中，此时有边界条件：

$$\begin{cases} \theta(x=0)=\theta_b \\ -k\dfrac{\mathrm{d}\theta}{\mathrm{d}x}\Big|_{x=L}=h_{comb}\theta(x=L) \end{cases} \tag{5-55}$$

利用边界条件可以获得联立方程组：

$$\begin{cases} C_1+C_2=\theta_b \\ C_1 a e^{aL}-C_2 a e^{-aL}=-\dfrac{h_{comb}}{k}(C_1 e^{aL}+C_2 e^{-aL}) \end{cases} \tag{5-56}$$

可以求得常数 C_1、C_2：

$$C_1 = \frac{\theta_b\left(e^{-aL} - \frac{h_{comb}}{ka}e^{-aL}\right)}{(e^{aL}+e^{-aL}) + \frac{h_{comb}}{ka}(e^{aL}-e^{-aL})}, \quad C_2 = \frac{\theta_b\left(e^{aL} + \frac{h_{comb}}{ka}e^{aL}\right)}{(e^{aL}+e^{-aL}) + \frac{h_{comb}}{ka}(e^{aL}-e^{-aL})} \tag{5-57}$$

因此，翅片方程的解可以写成：

$$\theta = \theta_b \frac{\cosh[a(L-x)] + \frac{h_{comb}}{ak}\sinh[a(L-x)]}{\cosh(aL) + \frac{h_{comb}}{ak}\sinh(aL)} \tag{5-58}$$

同样根据傅里叶导热求得总热流量为

$$\dot{Q}_f = -kA_c\frac{dT}{dx}\Big|_{x=0} = \theta_b\sqrt{h_{comb}PkA_c}\frac{\sinh(aL) + \frac{h_{comb}}{ak}\cosh(aL)}{\cosh(aL) + \frac{h_{comb}}{ak}\sinh(aL)} \tag{5-59}$$

式（5-59）的表达较复杂，可以用一个翅顶绝热、长度略长的翅片近似等效翅顶综合换热的情况，这相当于把翅顶的散热面积折算到侧面。于是有

$$L_c = L + \frac{A_c}{P} \tag{5-60}$$

其中 L_c 称为修正长度，采用修正长度的翅片方程的解为

$$\theta = \theta_b\frac{\cosh(L_c - x)}{\cosh(aL_c)} \tag{5-61}$$

修正长度翅片的热流量为

$$\dot{Q}_f = -kA_c\frac{dT}{dx}\Big|_{x=0} = \theta_b\sqrt{h_{comb}PkA_c}\tanh(aL_c) \tag{5-62}$$

5.5.2　翅片热阻、功效和效率

翅片的热阻定义为翅基和环境的温差与翅片的热流量之比，即

$$R_f = \frac{T_b - T_a}{\dot{Q}_f} \tag{5-63}$$

其中，R_f 表示翅片热阻。那么根据之前三种边界条件的热流量方程式（5-49）、式（5-54）和式（5-62）的表达，可以写出它们的热阻表达式：

（1）无限长翅片：

$$R_f = \frac{1}{\sqrt{h_{comb}PkA_c}} \tag{5-64}$$

（2）翅顶绝热：

$$R_f = \frac{1}{\sqrt{h_{comb}PkA_c}\tanh(aL)} \tag{5-65}$$

（3）翅顶综合换热：

$$R_f = \frac{1}{\sqrt{h_{comb}PkA_c}\tanh(aL_c)} \tag{5-66}$$

翅基表面没有翅片时，它的表面热流量表达式为

$$\dot{Q}_b = h_{comb} A_b (T_b - T_a) \tag{5-67}$$

在翅基上连接翅片的目的在于增加对流、辐射换热的表面积，从而增强翅片散至外界的热量，然而翅片本身的导热热阻增加了翅基与外界空气之间的总热阻。因此，并非所有的翅片连接都会有效提高散热器的散热能力。再考虑到翅片的自身重量、加工成本等实际因素，只有当增加翅片所带来的散热能力有效提升，才会使得连接翅片有意义。这里，定义翅片功效来判断翅片连接是否有效提升散热器的散热能力：

$$E_f = \frac{\dot{Q}_f}{\dot{Q}_b} = \frac{\dot{Q}_f}{h_{comb} A_b (T_b - T_a)} \tag{5-68}$$

式(5-68)表示有翅片的表面热流量和没有翅片的表面热流量之比。将式子的分母与分子互相调整可以有

$$E_f = \frac{1/h_{comb} A_b}{(T_b - T_a)/\dot{Q}_f} \tag{5-69}$$

其中，$R_b = 1/h_{comb} A_b$ 是没有翅片存在时，翅基表面的综合换热热阻，而 $R_f = (T_b - T_a)/\dot{Q}_f$ 是翅片的热阻，如图5-21所示。所以，翅片的功效也可以被定义为翅基热阻与翅片热阻之比：

$$E_f = \frac{R_b}{R_f} \tag{5-70}$$

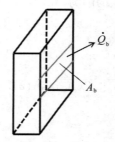 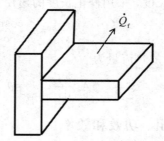

(a) 无翅片时翅基的热流情况　　(b) 平板翅片表面热流情况

图5-21　有无翅片的热流量情况示意图

在等截面翅片的情况下($A_b = A_c$)，三种边界条件的翅片功效分别为

(1) 无限长翅片：

$$E_f = \sqrt{\frac{kP}{h_{comb} A_c}} \tag{5-71}$$

(2) 翅顶绝热：

$$E_f = \sqrt{\frac{kP}{h_{comb} A_c}} \tanh(aL) \tag{5-72}$$

(3) 翅顶综合换热：

$$E_f = \sqrt{\frac{kP}{h_{comb} A_c}} \tanh(aL_c) \tag{5-73}$$

通过式(5-71)可以发现：① 翅片的功效与翅片材料的导热系数 k 成正比，所以导热系数高的金属材料铝、铜是散热器的通常选择；② 翅片的功效与"翅片周长与横截面积的

比例 P/A_c"成正比，所以周长与横截面积比越高，翅片散热越高效，所以薄而宽的板翅是散热器的通常选择；③ 翅片的功效与综合换热系数 h_{comb} 成反比，这意味着换热系数越低的介质，其翅片散热越高效，所以散热器的使用在自然对流中比在强制对流中更高效，在气体中比在液体中更高效。但是对于不是无限长翅片的情况，要综合考虑翅片几何尺寸和材料参数，例如短的、低换热系数的铝制翅片换成铜制翅片，翅片功效并不会有大的提升。

实际应用中的材料的导热系数是有限的，如果导热系数趋于无限大，根据翅片功效公式可知，整个翅片的温度也将趋近于翅基温度，此时翅片的散热量达到最大，可以表达为

$$\dot{Q}_{f,\max} = h_{comb} A_f (T_b - T_a) \tag{5-74}$$

亦可以用实际传热量与翅片最大传热量之比来表征翅片效率：

$$\eta_f = \frac{\dot{Q}_f}{\dot{Q}_{f,\max}} = \frac{\dot{Q}_f}{h_{comb} A_f (T_b - T_a)} \tag{5-75}$$

那么在等截面情况下，三种边界条件的翅片效率分别为

（1）无限长翅片：

$$\eta_f = \frac{1}{aL} \tag{5-76}$$

（2）翅顶绝热：

$$\eta_f = \frac{\tanh(aL)}{aL} \tag{5-77}$$

（3）翅顶综合换热：

$$n_f = \frac{\tanh(aL_c)}{aL_c} \tag{5-78}$$

本小节中上述翅片热阻、翅片功效和翅片效率之间存在如下关系：

$$R_f = \frac{1}{E_f h A_b} = \frac{1}{\eta_f h A_f}, \quad E_f = \frac{A_f}{A_b} \eta_f \tag{5-79}$$

【例题 5-7】　有一等截面翅片，翅片的横截面积为 3 mm×50 mm，长度为 40 mm。已知对流辐射综合换热系数为 35 W/（m² · ℃），翅基温度为 95℃，环境温度为 25℃，翅片的材料是铝，其导热系数为 210 W/（m · ℃）。

（1）试计算无限长翅片的热流量；

（2）试计算翅顶绝热的热流量；

（3）试计算翅顶综合换热的热流量；

（4）试计算翅顶综合换热情况下的翅片热阻；

（5）变更材料，试计算铜翅片热阻。

解　首先计算翅片的周长、截面积和必要参数：

$$P = 2 \times (3 + 50) = 0.106 \text{ (m)}$$

$$A_c = 3 \times 50 = 150 \text{ mm}^2 = 0.15 \times 10^{-3} \text{ (m}^2)$$

$$a = \sqrt{\frac{h_{comb} P}{k A_c}} = \sqrt{\frac{35 \text{ W/(m}^2 \cdot ℃) \times 0.106 \text{ m}}{210 \text{ W/(m} \cdot ℃) \times 0.15 \times 10^{-3} \text{ m}^2}} = 10.85 \text{ (m}^{-1})$$

$$aL = 10.85 \text{ m}^{-1} \times 0.04 \text{ m} = 0.434$$

$$\sqrt{h_{comb} P k A_c} = \sqrt{35 \text{ W/(m}^2 \cdot ℃) \times 0.106 \text{ m} \times 210 \text{ W/(m} \cdot ℃) \times 0.15 \times 10^{-3} \text{ m}^2}$$

$$= 0.342 \text{ (W/℃)}$$

（1）对于无限长翅片有

$$\dot{Q}_f = (95℃ - 25℃) \times 0.342 \ W/℃ = 23.94 \ (W)$$

（2）对于翅顶绝热有

$$\dot{Q}_f = (95℃ - 25℃) \times 0.342 \ W/℃ \times \tanh(0.434) = 9.78 \ (W)$$

（3）对于翅顶综合换热有

$$L_c = L + A_c/P = 0.04 + \frac{0.15 \times 10^{-3}}{0.106} = 0.0414 \ (m)$$

$$aL_c = 10.85 \ m^{-1} \times 0.0414 \ m = 0.449$$

$$\dot{Q}_f = (95℃ - 25℃) \times 0.342 \ W/℃ \times \tanh(0.449) = 10.08 \ (W)$$

（4）对于铝翅片翅顶综合换热的热阻有

$$R_f = \frac{T_b - T_a}{\dot{Q}_f} = \frac{95℃ - 25℃}{10.08 \ W} = 6.94 \ (℃/W)$$

（5）对于铜翅片翅顶综合换热的热阻有

$$\sqrt{h_{comb} P k A_c} = \sqrt{35 \ W/(m^2 \cdot ℃) \times 0.106 \ m \times 390 \ W/(m \cdot ℃) \times 0.15 \times 10^{-3} \ m^2}$$

$$= 0.466 \ (W/℃)$$

$$\dot{Q}_f = (95℃ - 25℃) \times 0.466 \ W/℃ \times \tanh(0.449) = 13.73 \ (W)$$

$$R_f = \frac{T_b - T_a}{\dot{Q}_f} = \frac{95℃ - 25℃}{13.73 \ W} = 5.10 \ (℃/W)$$

【计算结果分析】 对比（1）和（2）、（3）的热流量计算结果可以发现，无限长翅片的热流量非常大，现实中这是不合理的，所以翅片无限长只是一种理想的计算情况；对比（2）、（3）的计算可以发现，翅顶绝热和综合换热的散热流量相差较小；对比（4）、（5）可以发现，单一铜翅片的热阻比铝翅片降低了 26.5%。

5.5.3 散热器的热阻、功效和效率

工程中的散热器通常是将一些翅片集中安装在同一个基底上，以矩形板状散热器为例，散热器的总热阻可以写成：

$$R_{hs,cr} = \frac{T_b - T_a}{\dot{Q}_{hs,cr}} \tag{5-80}$$

其中，$R_{hs,cr}$ 是散热器的综合换热热阻（hs 取自 heat sink 的首字母，cr 分别取自 convection 和 radiation 的首字母），$\dot{Q}_{hs,cr}$ 是散热器的总散热量。散热器基底传来的热量通过这些平行的翅片和无翅片覆盖的表面以综合换热的方式传递至外界。所以散热器的综合换热热阻等于所有平行翅片的热阻和无翅片表面的热阻的并联，如图 5-20 所示，其表达式如下：

$$\frac{1}{R_{hs,cr}} = \frac{N_f}{R_f} + \frac{1}{R_{no-fin}} \tag{5-81}$$

这里 N_f 指翅片的数量，R_f 是翅片的热阻，可以由式（5-79）表示，而 R_{no-fin} 表示无翅片覆盖的散热器基板表面的综合换热热阻，它可以表达成：

$$R_{no-fin} = \frac{1}{h_{no-fin} A_{no-fin}} \tag{5-82}$$

其中，$h_{\text{no-fin}}$是无翅片覆盖的散热器基板表面的综合换热系数，$A_{\text{no-fin}}$是无翅片覆盖的散热器基板表面积，它也可以被表达成：

$$A_{\text{no-fin}} = A_{\text{hs,b}} - N_{\text{f}}A_{\text{b}} \qquad (5-83)$$

其中，$A_{\text{hs,b}}$是散热器基板的总表面积，A_{b}是翅片基板的表面积，散热器上各面积的具体所指如图 5-22 所示，图示中的矩形板状翅片为等截面($A_{\text{b}} = A_{\text{c}}$)。综合考虑上述方程式，式(5-81)可重写成：

$$\frac{1}{R_{\text{hs,cr}}} = \frac{N_{\text{f}}}{1/\eta_{\text{f}}h_{\text{comb}}A_{\text{f}}} + \frac{1}{1/h_{\text{no-fin}}A_{\text{no-fin}}} = N_{\text{f}}\eta_{\text{f}}h_{\text{comb}}A_{\text{f}} + h_{\text{no-fin}}(A_{\text{hs,b}} - N_{\text{f}}A_{\text{b}}) \qquad (5-84)$$

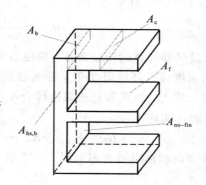

A_{b}—翅片基板的表面积；
A_{c}—翅片截面的表面积；
A_{f}—单个翅片的表面积；
$A_{\text{hs,b}}$—散热器基板的表面积；
$A_{\text{no-fin}}$—散热器基板无翅片覆盖的总表面积；
A_{t}—散热器的总表面积

图 5-22 散热器各表面积示意图

一般认为同一个散热器的基板和翅片的综合换热系数较接近，即$h_{\text{no-fin}} = h_{\text{comb}}$，那么式(5-84)可写成：

$$R_{\text{hs,cr}} = \frac{1}{h_{\text{comb}}}\{\eta_{\text{f}}N_{\text{f}}A_{\text{f}} + (A_{\text{hs,b}} - N_{\text{f}}A_{\text{b}})\} \qquad (5-85)$$

如果A_{t}表示散热器的总面积(t 取自 total 首字母)，那么有

$$A_{\text{t}} = N_{\text{f}}A_{\text{f}} + A_{\text{no-fin}} = N_{\text{f}}A_{\text{f}} + A_{\text{hs,b}} - N_{\text{f}}A_{\text{b}}$$

$$\Rightarrow A_{\text{t}} - N_{\text{f}}A_{\text{f}} = A_{\text{hs,b}} - N_{\text{f}}A_{\text{b}} \qquad (5-86)$$

那么散热器综合换热热阻还可以写成：

$$R_{\text{hs,cr}} = \frac{1}{\left[-\dfrac{N_{\text{f}}A_{\text{f}}}{A_{\text{t}}}(1-\eta_{\text{f}})\right]A_{\text{t}}h_{\text{comb}}} \qquad (5-87)$$

其中 $\eta_{\text{hs}} = 1 - N_{\text{f}}A_{\text{f}}\dfrac{1-\eta_{\text{f}}}{A_{\text{t}}}$ 为散热器效率。

需要强调的是，不同于单一翅片热阻，散热器的综合换热热阻并不是散热器的总热阻。首先，热源(芯片)的热流进入散热器基底后，要途经一定厚度的板材才能到达连接翅片的翅基面，这部分的导热热阻用$R_{\text{hs,b}}$表示(hs,b 取自 heat sink, board 首字母)：

$$R_{\text{hs,b}} = \frac{d}{kA_{\text{hs,b}}} \qquad (5-88)$$

其次，大多数封装器件或芯片的尺寸都小于散热器尺寸，所以当封装器件或芯片这样的热源面积小于散热器基底面积的时候，就会存在扩散热阻，这部分的扩散热阻可以由本章 5.3 节的式(5-19)～式(5-21)计算获得，它表示为$R_{\text{hs,sp}}$(sp 取自 spread 首二字母)：

$$R_{\mathrm{hs,sp}} = \frac{(1-\varepsilon)\phi}{\pi k r_1} \tag{5-89}$$

计算上式，需要用到的等效换热系数可以由如下公式计算：

$$h_{\mathrm{eff}} = \frac{1}{R_{\mathrm{hs,cr}}A_{\mathrm{hs,b}}} \tag{5-90}$$

最后，由于散热器的翅片排列紧密，翅片周围的气体又吸收了翅片的热量，所以有 $T'_{\mathrm{a}} > T_{\mathrm{a}}$，那么在单一翅片分析时的假设"翅片的环境温度为 T_{a} 且等于常数"不成立。进入散热器内的气体(温度较高)与环境(温度较低)之间的热传递就引入了一个新热阻，即热量热阻 $R_{\mathrm{hs,c}}$(c 取自 capacity 首字母)：

$$R_{\mathrm{hs,c}} = \frac{1}{2mC_{\mathrm{p}}} \tag{5-91}$$

其中，m 是进入散热器气体的质量流量，单位是 kg/s，C_{p} 是定压比热容。如果进入散热器的气体(流体)的温度接近环境温度 T_{a}，那么该温度下的换热系数就接近 h_{comb}，此时热量热阻是不需计算的。综上，散热器总热阻由综合换热热阻、基底导热热阻、扩散热阻和热量热阻共同组成，表达式如下：

$$R_{\mathrm{hs}} = R_{\mathrm{hs,sp}} + R_{\mathrm{hs,b}} + R_{\mathrm{hs,cr}} + R_{\mathrm{hs,c}} \tag{5-92}$$

它的热流量方向和热阻示意图如图 5-23 所示。

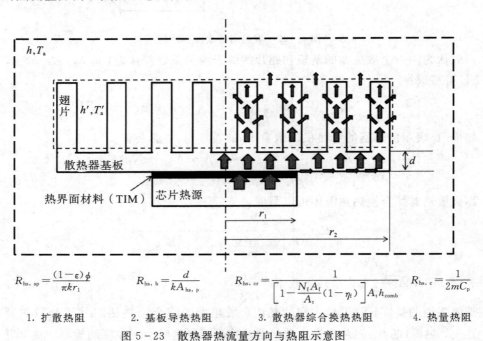

$$R_{\mathrm{hs,sp}} = \frac{(1-\varepsilon)\phi}{\pi k r_1} \qquad R_{\mathrm{hs,b}} = \frac{d}{kA_{\mathrm{hs,p}}} \qquad R_{\mathrm{hs,cr}} = \frac{1}{\left[1 - \frac{N_{\mathrm{f}}A_{\mathrm{f}}}{A_{\mathrm{t}}}(1-\eta_{\mathrm{f}})\right]A_{\mathrm{t}}h_{\mathrm{comb}}} \qquad R_{\mathrm{hs,c}} = \frac{1}{2mC_{\mathrm{p}}}$$

1. 扩散热阻 2. 基板导热热阻 3. 散热器综合换热热阻 4. 热量热阻

图 5-23 散热器热流量方向与热阻示意图

【例题 5-8】 有一铝制、矩形平板散热器如图 5-24 所示，含有 10 个翅片。翅片的横截面积为 3 mm×50 mm，长度为 40 mm。散热器基底的尺寸是 50 mm×50 mm×4 mm。铝的导热系数为 210 W/(m·℃)，散热器的表面换热系数为 35 W/(m²·℃)，热源面积是 400 mm²，空气的质量流量为 0.003 kg/s，比热容为 1003 J/(kg·℃)，试计算翅片顶端综合换热情况下的散热器的热阻。

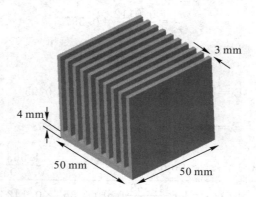

图 5-24　等截面板状散热器结构与尺寸示意图

解　首先计算翅片的周长、截面积和必要参数：

$$P = 2 \times (3 + 50) = 0.106 \text{ (m)}$$

$$A_c = 3 \times 50 = 150 \text{ mm}^2 = 0.15 \times 10^{-3} \text{ (m}^2)$$

$$a = \sqrt{\frac{h_{comb}P}{kA_c}} = \sqrt{\frac{35 \text{ W/(m}^2 \cdot \text{℃)} \times 0.106 \text{ m}}{210 \text{ W/(m} \cdot \text{℃)} \times 0.15 \times 10^{-3} \text{ m}^2}} = 10.85 \text{ (m}^{-1})$$

$$L_c = L + \frac{A_c}{P} = 0.04 \text{ m} + \frac{0.15 \times 10^{-3} \text{ m}^2}{0.106 \text{ m}} = 0.0414 \text{ (m)}$$

$$aL_c = 10.85 \text{ m}^{-1} \times 0.0414 \text{ m} = 0.449$$

$$n_f = \frac{\tanh(aL_c)}{aL_c} = \frac{\tanh(0.449)}{0.449} = 0.938$$

翅片的面积、散热器总面积为

$$A_f = PL_c = 0.106 \times 0.0414 = 0.0044 \text{ (m}^2)$$

$$A_t = N_f A_f + (A_{hs,b} - N_f A_b) = 10 \times 0.0044 \text{m}^2 + (0.05 \times 0.05 - 10 \times 0.00015)$$

$$\Rightarrow A_t = 0.045$$

散热器效率为

$$\eta_{hs} = 1 - \frac{N_f A_f}{A_t}(1 - \eta_f) = 1 - \frac{10 \times 0.0044}{0.045}(1 - 0.938) = 0.939$$

散热器综合换热热阻为

$$R_{hs,cr} = \frac{1}{\eta_{hs} h_{comb} A_t} = \frac{1}{0.939 \times 35 \times 0.045} = 0.676 \text{ (℃/W)}$$

散热器基底导热热阻为

$$R_{hs,b} = \frac{d}{kA_{hs,b}} = \frac{4 \times 10^{-3}}{210 \times 0.05 \times 0.05} = 0.008 \text{ (℃/W)}$$

散热器的扩散热阻为

$$h_{eff} = \frac{1}{R_{hs,cr} A_{hs,b}} = \frac{1}{0.676 \times 0.05 \times 0.05} = 591.7 \text{ (W/(m}^2 \cdot \text{℃))}$$

$$r_1 = \sqrt{\frac{A_{热源}}{\pi}} = \sqrt{\frac{0.0004 \text{ m}^2}{\pi}} = 0.0112 \text{ (m)}$$

$$r_2 = \sqrt{\frac{A_{hs,b}}{\pi}} = \sqrt{\frac{0.05 \times 0.05 \text{ m}^2}{\pi}} = 0.0282 \text{ (m)}$$

$$\varepsilon = \frac{r_1}{r_2} = \frac{0.0112}{0.0282} = 0.397$$

$$\tau = \frac{d}{r_2} = \frac{0.004}{0.0282} = 0.142$$

$$\mathrm{Bi} = \frac{h_{\mathrm{eff}} r_2}{k} = \frac{591.7 \times 0.0282}{210} = 0.0795$$

$$\lambda = \pi + \frac{1}{\varepsilon \sqrt{\pi}} = \pi + \frac{1}{0.397 \sqrt{\pi}} = 4.563$$

$$\phi = \frac{\tanh(\lambda\tau) + \frac{\lambda}{\mathrm{Bi}}}{1 + \frac{\lambda}{\mathrm{Bi}} \tanh(\lambda\tau)} = \frac{\tanh(4.563 \times 0.142) + \frac{4.563}{0.0795}}{1 + \frac{4.563}{0.0795} \tanh(4.563 \times 0.142)} = 1.659$$

$$R_{\mathrm{hs,sp}} = \frac{(1-\varepsilon)\phi}{\pi k r_1} = \frac{(1-0.397) \times 1.659}{\pi \times 210 \times 0.0112} = 0.135 \ (\text{℃/W})$$

散热器的热量热阻为

$$R_{\mathrm{hs,c}} = \frac{1}{2mC_{\mathrm{p}}} = \frac{1}{2 \times 0.003 \ \mathrm{kg/s} \times 1003 \ \mathrm{J/(kg \cdot ℃)}} = 0.166 \ (\text{℃/W})$$

铝制散热器的总热阻为

$$R_{\mathrm{hs}} = R_{\mathrm{hs,sp}} + R_{\mathrm{hs,b}} + R_{\mathrm{hs,cr}} + R_{\mathrm{hs,c}} = 0.135 + 0.008 + 0.676 + 0.166 \Rightarrow R_{\mathrm{hs}} = 0.985 \ (\text{℃/W})$$

对比例题 5-7 的单翅片热阻 $R_{\mathrm{f}} = 6.94(\text{℃/W})$，当散热器集成 10 个同样翅片时，散热器的总热阻降低为仅有单翅片热阻的 14%。

【例题 5-9】 上面例题条件不变，仅材料换成铜 390 W/(m·℃)，再计算翅片顶端综合换热情况下的散热器的热阻，对比讨论计算结果。

解　首先计算有改变的参数：

$$a = \sqrt{\frac{h_{\mathrm{comb}} P}{k A_{\mathrm{c}}}} = \sqrt{\frac{35 \ \mathrm{W/(m^2 \cdot ℃)} \times 0.106 \ \mathrm{m}}{390 \ \mathrm{W/(m \cdot ℃)} \times 0.15 \times 10^{-3} \ \mathrm{m^2}}} = 7.96 \ (\mathrm{m^{-1}})$$

$$a L_{\mathrm{c}} = 7.96 \ \mathrm{m^{-1}} \times 0.0414 \ \mathrm{m} = 0.330$$

$$n_{\mathrm{f}} = \frac{\tanh(a L_{\mathrm{c}})}{a L_{\mathrm{c}}} = \frac{\tanh(0.330)}{0.330} = 0.967$$

散热器效率为

$$\eta_{\mathrm{hs}} = 1 - \frac{N_{\mathrm{f}} A_{\mathrm{f}}}{A_{\mathrm{t}}} (1 - \eta_{\mathrm{f}}) = 1 - \frac{10 \times 0.0044}{0.045} (1 - 0.967) = 0.968$$

散热器综合换热热阻为

$$R_{\mathrm{hs,cr}} = \frac{1}{\eta_{\mathrm{hs}} h_{\mathrm{comb}} A_{\mathrm{t}}} = \frac{1}{0.968 \times 35 \times 0.045} = 0.656 \ (\text{℃/W})$$

散热器基底导热热阻为

$$R_{\mathrm{hs,b}} = \frac{d}{k A_{\mathrm{hs,b}}} = \frac{4 \times 10^{-3}}{390 \times 0.05 \times 0.05} = 0.004 \ (\text{℃/W})$$

散热器的扩散热阻为

$$h_{\mathrm{eff}} = \frac{1}{R_{\mathrm{hs,cr}} A_{\mathrm{hs,b}}} = \frac{1}{0.656 \times 0.05 \times 0.05} = 609.8 \ (\mathrm{W/(m^2 \cdot ℃)})$$

$$\mathrm{Bi} = \frac{h_{\mathrm{eff}} r_2}{k} = \frac{609.8 \times 0.0282}{390} = 0.0441$$

$$\lambda = \pi + \frac{1}{\varepsilon\sqrt{\pi}} = \pi + \frac{1}{0.397\sqrt{\pi}} \approx 4.563$$

$$\phi = \frac{\tanh(\lambda\tau) + \dfrac{\lambda}{\mathrm{Bi}}}{1 + \dfrac{\lambda}{\mathrm{Bi}}\tanh(\lambda\tau)} = \frac{\tanh(4.563\times0.142) + \dfrac{4.563}{0.0441}}{1 + \dfrac{4.563}{0.0441}\tanh(4.563\times0.142)} = 1.734$$

$$R_{\mathrm{hs,sp}} = \frac{(1-\varepsilon)\phi}{\pi k r_1} = \frac{(1-0.397)\times1.734}{\pi\times390\times0.0112} = 0.076\ (\text{℃/W})$$

散热器的热量热阻为

$$R_{\mathrm{hs,c}} = \frac{1}{2mC_{\mathrm{p}}} = \frac{1}{2\times0.003\ \mathrm{kg/s}\times1003\ \mathrm{J/(kg\cdot℃)}} = 0.166\ (\text{℃/W})$$

铜制散热器的总热阻为

$$R_{\mathrm{hs}} = R_{\mathrm{hs,sp}} + R_{\mathrm{hs,b}} + R_{\mathrm{hs,cr}} + R_{\mathrm{hs,c}} = 0.076 + 0.004 + 0.656 + 0.166$$
$$\Rightarrow R_{\mathrm{hs}} = 0.902\ (\text{℃/W})$$

【关键知识点 1】　不同于单一翅片变更材料的热阻降幅 26.5%，如例题 5-7 的计算，从上面两道例题的计算结果对比发现：改变散热器的材料（铝变铜），铜散热器的总热阻仅仅降低了 $\dfrac{0.985-0.902}{0.985}\times100\% = 8.4\%$。这说明简单地采用导热率高的材料替换导热率低的材料，并不是提升散热器散热能力的有效途径。考虑到铜材的价格远贵于铝材，所以类似图 5-24 所示的散热器在电子封装领域及其他民用工程中，都几乎不用铜制的，通常是铝制的。

【关键知识点 2】对比上面两道例题的计算结果可以发现，热量热阻是唯一没有改变的热阻。如果将铝、铜散热器各个热阻的贡献绘图，如图 5-25 和图 5-26 所示，还可以发现，热量热阻在总热阻中的贡献上升至接近 20%，这说明在散热器几何尺寸、选材都无法改变的情况下，降低热量热阻是降低散热器总热阻唯一且有效的选择。在微电子系统中，散热器的体积或面积设计往往是根据电子产品的空间需求所设定的，当体积或面积被限制在一个阈值以内时，通过改变翅片的结构布局而提升进入散热器内气体的质量流量（如式(5-59)中的 m）是降低热量热阻，从而降低总热阻的有效手段。典型的散热器样式如图 5-27 所示，将板状翅片改成片状翅片。这种符合空气动力学设计的布局将有助于提升散热器内的气体流通。对于空气动力学设计感兴趣的读者，可以参考文献[1]和[2]。对于散热片设计感兴趣的读者，可以参考文献[3]和[4]。

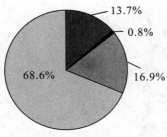

图 5-25　铝制散热器热阻贡献

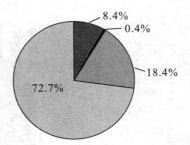

图 5-26　铜制散热器热阻贡献

【关键知识点 3】 如果电子产品的空间允许，比如台式电脑、大型服务器，在散热器上加装风扇是提升散热器散热能力的常用手段，因为这样既能提高翅片的表面换热系数，又能加速散热器内的气体与外界气体间的热交换，从而降低热量热阻，如图 5-28 所示。

图 5-27　散热器上的特殊翅片布局

图 5-28　散热器上加装风扇

【关键知识点 4】 通过图 5-20 的热流途径分析知道，可以采用变截面的翅片设计来节省材料、重量。这同样会使变截面翅片的散热器空间变大，在方便气体流通方面比等截面的设计有优势。因此，综合考虑散热器制作成本、重量、热量热阻等因素，变截面翅片的散热器也是微电子系统较常采用的类型，如图 5-29 所示。

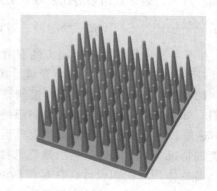

图 5-29　变截柱状散热器

☞ **习题**

1. 有一等截面铝制针状散热器如图 5-30 所示，散热器基底的尺寸是 60 mm×60 mm×4 mm，含有 64 个半径为 1.5 mm、长为 30 mm 的圆柱翅片。热源面积是 400 mm²，铝的导热系数为 210 W/(m·℃)，散热器的表面换热系数为 30 W/(m²·℃)，空气的质量流量为 0.004 kg/s，比热容为 1003 J/(kg·℃)，试计算翅片顶端综合换热情况下的散热器总热阻。

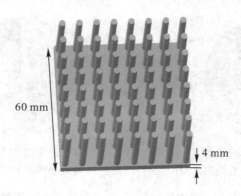

60 mm

4 mm

图 5-30　等截面针状散热器

2. 仍然是上面的习题，变更材料为铜，试计算翅片顶端综合换热情况下的散热器总热阻，对比第 1 题讨论计算结果。

☞ 讨论

1. 材料学的研究发现，石墨烯是一种导热率比铝、铜高很多的新材料（$k_{石墨烯、平面方向}=$ 5000 W/(m·℃))[5]，现有一种说法是："在散热器上附着石墨烯层，这样可以提高翅片的导热率并将有助于提高散热器的散热能力。"请查阅文献、结合例题 5 - 8 和例题 5 - 9 给出你的判断。

2. 请查找石墨烯应用的案例、文献与网络报道，浅谈石墨烯材料在电子封装散热解决方案中的应用。

☞ 参考文献

[1] 钱学森. 气体动力学诸方程. 徐华舫，译. 北京：科学出版社，1966.

[2] 王世忠. 空气动力学. 哈尔滨：哈尔滨工业大学出版社，2003.

[3] BEHM J, HUTTUNEN J. Heat Spreading Conduction in Compressed Heatsinks. 10th International Flotherm User Conference, Amsterdam, May, 2001.

[4] Keller K. Cast Heat Sink Design Advantages. http://www.cs.unc.edu/.

[5] 傅强，包信和. 石墨烯化学研究进展. 科学通报，2009，3：887.

5.6 系统冷却技术

5.6.1 封装体的冷却

在第 4 章的描述中，我们知道电子产品的冷却方式分为无源冷却（被动式散热）和有源冷却（主动式散热），上一节中的散热器采用的就是一种常见的被动式、无源冷却技术。从 5.1 节中例题 5 - 2 的计算知道，黏结散热器是降低逻辑芯片结温的必要手段，现结合 5.5 节中散热器热阻的计算公式，仍以例题 5 - 2 中的案例来展开计算。当器件未黏结散热器时，该 BGA 器件的节-壳热阻是环氧树脂的导热热阻，即

$$R_{jc}=R_{环氧树脂}=3（℃/W）$$

壳-气热阻是

$$R_{ca}=R_{对流}=52（℃/W）$$

结-板热阻是银浆胶与 BT 衬底导热热阻的串联，即

$$R_{jb}=R_{银浆胶}+R_{BT}=3.32（℃/W）$$

板-气热阻是

$$R_{ba}=R_{对流}=52（℃/W）$$

那么总热阻经计算为

$$R_{ja}=27.6（℃/W）$$

当芯片功耗为 10 W 时，芯片结温达到

$$T_{j}=P_{芯片}\times R_{ja}+T_{a}=10\times27.6+25=301（℃）$$

显然这个结温过高。当黏结了如例题 5-8 所示的散热器时，该器件的壳-气热阻被热界面热阻与散热器热阻的串联热阻取代，新的热阻网络如图 5-31 所示，那么结-气热阻经重新计算有

$$\frac{1}{R_{ja}} = \frac{1}{R_{jc} + R_{TIM} + R_{hs}} + \frac{1}{R_{jb} + R_{ba}} \quad (5-93)$$

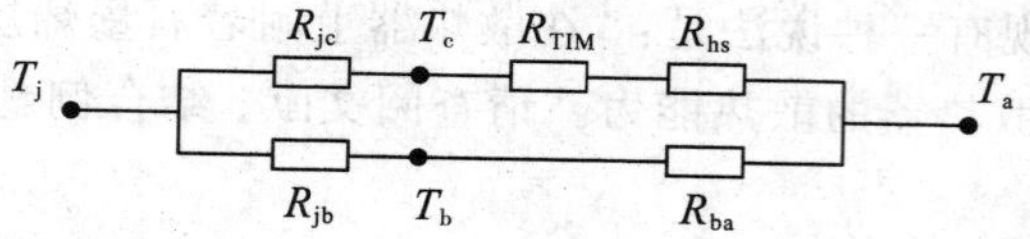

图 5-31　例题 5-2 中的 BGA 黏结例题 5-8 中的散热器的热阻网络图

R_{TIM} 由式(5-11)计算，其中热界面材料的厚度为 $d=0.12$ mm，导热率 $k_{TIM}=0.6$ W/(m·℃)，热界面面积与热源面积相同，为 $A_{TIM}=23$ mm×23 mm，那么界面热阻为

$$R_{TIM} = \frac{d_{TIM}}{k_{TIM}A_{TIM}} = \frac{0.12 \times 10^{-3}}{0.6 \times (0.023 \times 0.023)} = 0.38 \ (℃/W)$$

R_{hs} 由式(5-92)计算，其中扩散热阻由于热源面积改变为 23 mm×23 mm，重新计算得 $R_{hs,sp}=0.115$ ℃/W，那么散热器总热阻为

$$R_{hs} = R_{hs,sp} + R_{hs,b} + R_{hs,cr} + R_{hs,c} = 0.115 + 0.008 + 0.676 + 0.166$$
$$\Rightarrow R_{hs} = 0.965 \ (℃/W)$$

代入式(5-93)有

$$\frac{1}{R_{ja}} = \frac{1}{3 + 0.38 + 0.965} + \frac{1}{3.32 + 52}$$
$$\Rightarrow R_{ja} = 4.03 \ (℃/W)$$

那么黏结散热器后的芯片结温为

$$T_j = P_{芯片} \times R_{ja} + T_a = 10 \times 4.03 + 25 = 65.3 \ (℃)$$

从上面的计算可以看出，使用散热器后，封装体内部的芯片结温大幅降低，通过壳的散热量大幅提升。此外，通过计算还发现热界面材料的热阻在壳-气热阻中的占比较明显：

$$\frac{R_{TIM}}{R_{ca}} = \frac{0.38}{0.38 + 0.965} \times 100\% = 28.3\%$$

这说明热界面材料的黏结质量将极大影响散热器对封装体的冷却效果，实际应用中也是如此。首先是热界面材料的厚度 d_{TIM} 并不均匀，这是由黏结过程中的压力不均造成的；其次是封装体的热应力会造成热界面材料层的变形，从而影响厚度 d_{TIM}，热变形又会引起黏结界面的新缺陷，比如开裂、空隙、孔洞等。因此，热界面材料的选择、黏结工艺的方式方法都是散热器实际应用中需要注意的地方[1-2]。目前，商用热界面材料的导热率大多为 1 W/(m·℃)，混合了金属离子的导热率可以提升至 1~10 W/(m·℃)，然而随着金属粒子的含量越高其机械黏结力也越低，这是封装设计者需要取舍的地方。为了能满足高性能电子设备对热管理的需求，碳纳米管(CNT)、石墨基等新材料研究纷纷指向热界面，预期能够达到 50 W/(m·℃)的导热率。

5.6.2　PCB 的冷却

PCB 的热量主要来自电子元器件的发热量、PCB 本身的发热量与其他部分传来的热

量，其中元器件的发热量最大，是主要的热源，其次才是 PCB 自身的发热量。在前面章节的学习中知道，芯片发出的热量通过结-壳-气路径散热，主要采用翅片、散热器等无源冷却方式。而芯片发出的热量通过结-板-气路径散热，则主要采用空气自然对流和强迫空气冷却（风扇）的混合方式。空气自然对流属于无源冷却技术，因此增加 PCB 的表面积是增强冷却效果的有效方法。强迫空气对流属于有源冷却技术，因此加装风扇来提升对流换热系数是增加散热量的有效方法，如图 5 - 32 所示。PCB 本身的导热热阻计算已经在 5.4 节中介绍了，PCB 的对流换热热阻的计算可以利用 1.2 节中介绍的公式，更为复杂的流体力学知识（如何计算层流、湍流换热）这里不做详细介绍，有兴趣的读者可以参考文献[3]和[4]。

图 5 - 32　采用风扇冷却的 PCB

5.6.3　集成式冷却

上述两小节所描述的冷却技术，在芯片结温、PCB 冷却方面效果显著，但是现代电子产品的外观趋势是小、薄、轻便，例如智能手机、平板电脑、笔记本电脑等民用电子消费品的厚度一般都不超过 10 mm。因此，集成了很多翅片的散热器既笨重又不能满足产品空间要求，特别是风扇的噪声与喷口处的热气流会让客户体验变差。为了适应消费市场的需求，一些混合了无源、有源冷却技术的集成式散热器被开发出来，如图 5 - 33 所示。这种集成式的散热器将风扇嵌入了散热器基板用以增加表面换热系数，又在核心热源处用石墨板增加热量传导能力，再配以宽而粗的铜热管将热量导出至外接的冷却系统，最后在边缘位置采用气流格（气流槽）的设计用于增强气体的流通，实际应用中的案例如图 5 - 34 所示。

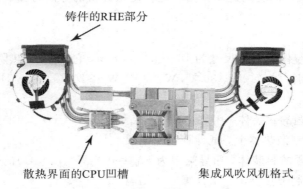

铸件的RHE部分

散热界面的CPU凹槽　　　　集成风吹风机格式

图 5 - 33　典型的平板电脑集成式散热器

图 5 - 34　笔记本电脑的集成散热

这里的热管是一种无源(被动式)器件,其工作原理是饱和液体在热管一端(较高温侧)吸热汽化,然后饱和气体在热管另一端(较低温侧)放热冷凝,其工作原理如图 5 - 35 所示。由于热管可以弯曲成各种形状,所以它非常适合用于手机、平板电脑、笔记本电脑等便携式电子产品的散热。对热管等先进冷却系统或技术感兴趣的读者,可以参考文献[5]和[6],本书不再做过多的展开。

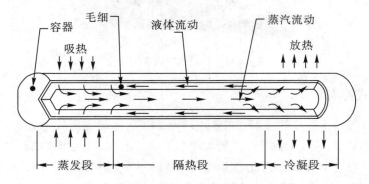

图 5 - 35　热管的工作原理图

上述这些先进的冷却系统、高度集成的散热器仍然可以采用传热学的知识定性判断它的散热效果,但是非一维的热传递已经无法采用半定量半定性的热分析。因此,借助计算机辅助分析(Computer Aided Engineering, CAE),再配合实验测量(验证)的方式,是微电子系统中解决更复杂热问题的通用办法。这些定量分析的办法将在后续章节中展开。

☞习题

1. 已知一个封装体的面积尺寸为 18 mm×18 mm,它的结-壳热阻、壳-气热阻、结-板热阻、板-气热阻分别为 3 ℃/W、30 ℃/W、5 ℃/W 和 20 ℃/W,芯片功率为 12 W,试计算芯片结温。

2. 仍然是第 1 题的封装体,用导热率为 $k_{TIM} = 0.8$ W/(m·℃)的热界面材料黏结至如例题 5 - 8 所示的铝制散热器上,试计算芯片结温。

3. 仍然是第 1 题的封装体,用导热率为 $k_{TIM} = 0.8$ W/(m·℃)的热界面材料黏结至如例题 5 - 9 所示的铜制散热器上,试计算芯片结温。

☞ 讨论

1. 请参考例题 5 - 7 的计算结果以及铜和铝的市场价格，试解释为何笔记本电脑中多采用铜管、铜板等散热装置，而台式机则多采用传统的铝制散热片。

2. 请查找散热器的供应商，对比它们的主要产品，包括应用类型、规格、尺寸和选材等。

☞ 参考文献

[1]　VISWANATH R，WAKHARKAR V，WATWE A，et al. Thermal Performance Challenges from Silicon to Systems. Intel Technologies Journal Q3，2000：6 - 10.

[2]　PRASHER R. Thermal Interface Resistance of Particle Laden Polymeric Thermal Interface Materials. Journal of Heat Transfer，2003(125)：230 - 237.

[3]　张靖周. 高等传热学. 北京：科学出版社，2009.

[4]　陶文铨. 计算流体力学与传热学. 北京：中国建筑工业出版社，1991.

[5]　PRASHER R S. A Simplified Conduction Based Modeling Scheme for Design Sensitivity Study of Thermal Solution Utilizing Heat Pipe and Vapor Chamber Technology. Journal of Electronic Packaging 125 (3)：378 - 385.

[6]　SOBHAN B D. A Comparative Analysis of Studies on Heat Transfer and Fluid Flow in Microchannels. Microscale Thermophysical Engineering，2001，5(4)：293 - 311.

[7]　李永赞，胡明辅，李勇. 热管技术的研究进展及其工程应用. 应用能源技术，2008 (6)：45 - 48.

第 6 章 数值热分析

本章介绍有限元方法的特点和计算流程架构，再以商用软件 ANSYS 为例介绍热仿真、热机仿真以及简化技巧应用。

6.1 有限元方法简介

数值分析是将微分方程转化为一组代数方程组进行求解的过程。如何实现从微分方程到代数方程的转化又可以采用不同的数学方法，如有限差分法、有限元法、有限体积法等。自 20 世纪 60 年代开始，随着计算机硬件水平的不断提升，数值计算在工程仿真领域得到广泛且深入的应用，其中的有限元法（又称有限节点法）最初应用于航空器、核反应堆的结构强度计算。由于有限元法在耦合场分析中的方便性、实用性和有效性，经过短短数十年的发展，该方法迅速从结构工程强度分析领域扩展到几乎所有的工程计算领域。

有限元法（Finite Element Method，FEM）的基本思想是分割和逼近，即将连续的求解区域离散为一组有限个、且按一定方式相互联结在一起的单元的组合体，若单元体划分的越多且越细致，则组合体越逼近求解区的真实解。以逼近物体的真实面积或体积为例，如图 6-1 所示，无论是被内接正多边形还是被外切正多边形逼近，每个单元体的面积只跟正多边形的边数"n"相关，这种只跟一个变量有关的逼近就是一维问题。而如果采用多个矩形单元组合逼近的方式，那每个单元的面积就跟矩形的"长"和"宽"这两个变量有关，所以跟两个变量有关的逼近就是二维问题，如图 6-2 所示。同理，用六面体或者四面体等三维单元体去逼近就是三维问题，如图 6-3(a)所示。但是并不是所有的三维物体都需要用三维单元体去逼近，如图 6-3(b)所示，一些具有对称中心的物体，可以用二维单元先划分切面再围绕中心轴旋转获得三维物体的逼近解。一些具有投射面的物体，可以用二维单元划分投射面再拉伸获得三维物体的逼近解。通过被研究物体的几何特性，简化单元维度，可以节省大量的计算，从而更高效地获得数值解。

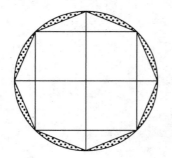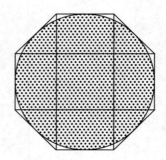

图 6-1 圆面积的一维逼近

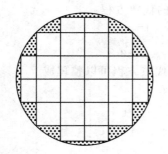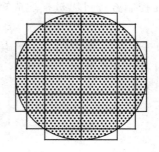

图 6 - 2 圆面积的二维逼近

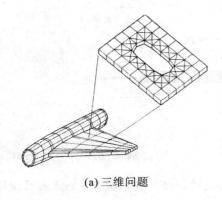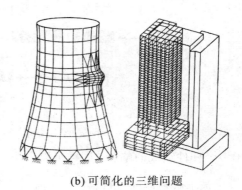

(a) 三维问题　　　　　　　　(b) 可简化的三维问题

图 6 - 3 三维物体体积的逼近

上述图 6 - 1 至图 6 - 3 利用逼近面积和体积的方式大致描述了有限元方法分割和逼近的特点，但从数学角度上全面介绍有限元方法是比较复杂的，本书侧重于有限元方法的应用领域，仅以一些有代表性的单元为例介绍有限元方法的计算逻辑、流程和关键注意点，其余更详细的有限元方法介绍，有兴趣的读者可以参考文献[1]和[2]。在工程系统的有限元分析中，要求将求解系统理想化为一种可解的形式，这些求解系统一般被分成两种数学模型：集中参数模型和连续介质力学模型，或又称为"离散系统"和"连续系统"。在离散系统模型中，实际系统的响应是由有限个状态变量的解直接描述的。在连续系统模型中，实际系统的响应是由微分方程控制的。由于有限元法最早由工程力学领域的计算发展而来，所以这里选取一维力学杆单元问题说明二者的相同点与区别。

在离散系统中，一维杆单元的本构关系可以由胡克定律来描述，即

$$\sigma = E\varepsilon \Leftrightarrow \frac{P}{A} = E\frac{\delta}{L} \tag{6-1}$$

根据图 6 - 4 的示意图，那么杆单元的控制方程可以表示成

$$\frac{P_2 - P_1}{2} = \frac{EA}{L}(u_2 - u_1) \tag{6-2}$$

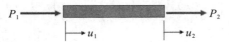

图 6 - 4 一维杆单元示意图

那么杆单元控制方程可以被描述成矩阵形式的代数方程：

$$\begin{bmatrix} P_1 \\ P_2 \end{bmatrix} = \frac{EA}{L} \begin{bmatrix} 1 & -1 \\ -1 & 1 \end{bmatrix} \begin{bmatrix} u_1 \\ u_2 \end{bmatrix} \tag{6-3}$$

对于两个杆件组成的整体，如图 6-5 所示，代数方程可以整理成

$$\begin{bmatrix} F_1 \\ F_2 \\ F_3 \end{bmatrix} = \frac{EA}{L} \begin{bmatrix} 1 & -1 & 0 \\ -1 & 1+1 & -1 \\ 0 & -1 & 1 \end{bmatrix} \begin{bmatrix} s_1 \\ s_2 \\ s_3 \end{bmatrix} \tag{6-4}$$

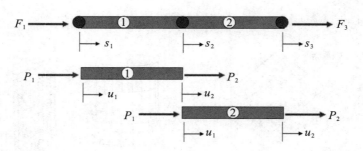

图 6-5　一维杆单元组合示意图

对于多个杆件组成的整体，同样可以套用式(6-4)，完成整体的代数方程的表达。其中，$\frac{EA}{L}$ 表示被求解物体的材料属性、几何尺寸等条件，$\{F_i\}$ 表示载荷，$\{s_i\}$ 表示位移，而刚度矩阵表示单元与单元的连接节点处的信息。当输入已知的载荷与边界条件等信息后，计算机可以快速求解方程中的未知项。

在连续系统中，如图 6-6(a)所示，一维杆的平衡方程和边界条件可以写成

$$\frac{\mathrm{d}}{\mathrm{d}x}\left(AE\,\frac{\mathrm{d}u(x)}{\mathrm{d}x}\right)=0 \ , \ 0<x<L, \ u(0)=0, \ \frac{\mathrm{d}u(L)}{\mathrm{d}x}=\frac{P}{EA} \tag{6-5}$$

那么一维杆的控制微分方程可以写成

$$-\frac{\mathrm{d}}{\mathrm{d}x}\left(AE\,\frac{\mathrm{d}u(x)}{\mathrm{d}x}\right)-f(x)=0 \tag{6-6}$$

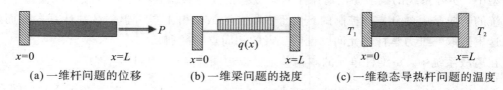

(a) 一维杆问题的位移　　(b) 一维梁问题的挠度　　(c) 一维稳态导热杆问题的温度

图 6-6　典型的一维连续体问题

采用加权余量法对方程两边乘以加权函数 $w(x)$，则方程在 $0<x<L$ 的区间内积分式可以写成

$$0 = \int_0^L w(x)\left[-\frac{\mathrm{d}}{\mathrm{d}x}\left(c(x)\frac{\mathrm{d}u(x)}{\mathrm{d}x}\right)-f(x)\right]\mathrm{d}x \tag{6-7}$$

其中，$c=AE$，整理上式得

$$0 = \int_0^L \left[\frac{\mathrm{d}w}{\mathrm{d}x}\left(c\,\frac{\mathrm{d}u}{\mathrm{d}x}\right)-wf\right]\mathrm{d}x - w\left(c\,\frac{\mathrm{d}u}{\mathrm{d}x}\right)\Big|_0^L \tag{6-8}$$

这里我们采用里茨(Ritz Method)逼近法推演代数方程的获得过程，首先将 $u(x)$ 写成级数展开式：

$$u_n(x)=\phi_0+\sum_{j=1}^{n}u_j\phi_j(x) \tag{6-9}$$

其中，u_j 是一系列常数，$\phi_j(x)$ 是一系列独立的关于 x 的功能函数，根据边界条件 $u(0)=0$，有

$$\phi_0=0,\ \phi_j(0)=0 \tag{6-10}$$

将式(6-9)和式(6-10)代入式(6-8)得

$$0=\int_0^L\left[\frac{dw}{dx}\left(c\sum_{n=1}^{j}u_j\frac{d\phi_j}{dx}\right)-wf\right]dx-\left[w(L)P-w(0)\left\{c\sum_{n=1}^{j}u_j\frac{d\phi_j(0)}{dx}\right\}\right] \tag{6-11}$$

令 $w(x)=\phi_1(x)$，有

$$\begin{aligned}0&=\int_0^L\left[\frac{d\phi_1}{dx}\left(c\sum_{j=1}^{n}u_j\frac{d\phi_j}{dx}\right)-\phi_1 f\right]dx-\phi_1(L)P\\&=\sum_{j=1}^{n}u_j\left[\int_0^L c\left(\frac{d\phi_1}{dx}\frac{d\phi_j}{dx}\right)dx\right]-\int_0^L(\phi_1 f)dx-\phi_1(L)P\\&=K_{11}u_1+K_{12}u_2+\cdots+K_{1n}u_n-f_1-P_1\end{aligned} \tag{6-12}$$

同理，令 $w(x)=\phi_i(x)$，$i=1,\cdots,n$，有

$$\begin{cases}K_{11}u_1+K_{12}u_2+\cdots+K_{1n}u_n-f_1-P_1=0\\\cdots\cdots\\K_{n1}u_1+K_{n2}u_2+\cdots+K_{m}u_n-f_n-P_n=0\end{cases} \tag{6-13}$$

整理式(6-13)，可以写成矩阵方程：

$$\begin{bmatrix}P_1\\\vdots\\P_n\end{bmatrix}=\begin{bmatrix}K_{11}&\cdots&K_{1n}\\\vdots&&\vdots\\K_{n1}&\cdots&K_{m}\end{bmatrix}\begin{bmatrix}u_1\\\vdots\\u_n\end{bmatrix}-\begin{bmatrix}f_1\\\vdots\\f_n\end{bmatrix} \tag{6-14}$$

其中，$K_{ij}=\int_0^L c\left(\frac{d\phi_i}{dx}\frac{d\phi_j}{dx}\right)dx$，$f_i=\int_0^L(\phi_i f)dx$，$P_i=\phi_i(L)P$。与离散系统 K_{ij} 类似，刚度矩阵 $[K_m]$ 表示单元与单元的连接节点处(又称共节点)的信息和被求解物体的材料属性、几何尺寸等条件，$[P_i]$ 表示载荷，$[u_i]$ 表示位移，$[f_i]$ 表示各杆单元节点处的作用力。由于刚度矩阵中的共节点，各个被分割的单元体才能在数学上被有效联系在一起，并且这些共节点保证了力与力或者其他关键求解信息的传递，因此在有限元发展的早期，有些学者又称有限元法为有限节点法。需要说明的是，本节采用的里茨逼近法推演代数方程的获得过程并不是唯一的，还有能量法(Energy Approach)也可以实现从微分方程向代数方程的转化[3]。此外，像梁问题、平面问题、一维稳态导热、二稳态导热问题，留给读者在查阅文献后自行推导。

☞ **习题**

1. 根据图 6-6(b)所示，推演类似式(6-14)的一维挠度问题的代数方程。
2. 根据图 6-6(c)所示，推演类似式(6-14)的一维稳态导热问题的代数方程。

☞ **参考文献**

[1] KLAUS J B. 有限元法：理论、格式与求解方法. 轩建平，译. 北京：高等教育出版社，2016.

[2] HUGHES THOMAS J R. The Finite Element Method. Prentice-Hall，New Jersey，U.S.A，1987.

[3] 傅永华. 有限元分析基础. 武汉：武汉大学出版社，全国优秀出版社联合出版，2003.

6.2　力场计算流程

上一节推演的式(6-4)和式(6-14)完成了离散系统和连续系统控制方程向代数的转化，然而实际工程中的有限元计算还有很多问题要解决。本节将主要介绍工程数值计算的流程(以力场问题为例)，厘清商业数值分析软件背后的计算逻辑和注意点。

6.2.1　力场单元构造

在确定所研究问题的场的性质后，接着要关注的是力场单元的节点自由度(Degree of Freedom，DOF)。例如，力学问题中的杆和梁单元，杆单元的变形只存在于杆伸长或压缩的方向，即每个杆单元节点只有一个自由度，如式(6-15)和图6-7所示。而梁的变形包括垂直于梁方向的位移以及挠度，所以梁单元节点有两个自由度，这里用Q_i泛指单元的外加力和力矩载荷，用q_i泛指单元的内作用力和内作用力矩，用v_i泛指单元的角度变形和挠度变形，用$[K_m]$指单元的刚度矩阵，如式(6-16)和图6-8所示。需要注意的是，节点的自由度并不代表被求解问题的维度。

$$\binom{F_1}{F_2}=\left[\binom{P_1}{P_2}+\binom{f_1}{f_2}\right]=\begin{bmatrix}K_{11}&K_{12}\\K_{21}&K_{22}\end{bmatrix}\binom{u_1}{u_2}\tag{6-15}$$

$$\begin{bmatrix}F_1\\F_2\\F_3\\F_4\end{bmatrix}=\left[\begin{bmatrix}Q_1\\Q_2\\Q_3\\Q_4\end{bmatrix}+\begin{bmatrix}q_1\\q_2\\q_3\\q_4\end{bmatrix}\right]=\begin{bmatrix}K_{11}&K_{12}&K_{13}&K_{14}\\K_{21}&K_{22}&K_{23}&K_{24}\\K_{31}&K_{32}&K_{33}&K_{34}\\K_{41}&K_{42}&K_{43}&K_{44}\end{bmatrix}\begin{bmatrix}v_1\\v_2\\v_3\\v_4\end{bmatrix}\tag{6-16}$$

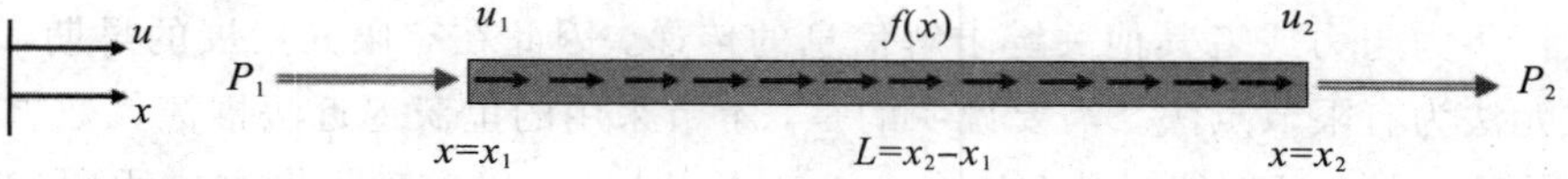

图6-7　一维杆单元的自由度示意图

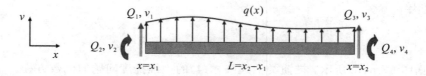

图6-8　一维梁单元的自由度示意图

　　当多个单元组合后，刚度矩阵 $[K_{mn}]$ 的维数等于单元数乘以节点自由度。例如，4 个杆单元组成的有限元分析得到 4×4 的刚度矩阵，4 个梁单元组成的有限元分析得到 8×8 的刚度矩阵。将载荷条件输入 $[F_n]$，将材料参数和几何尺寸输入刚度矩阵 $[K_{mn}]$，将边界条件输入 $[u_n]$，即可求解该线性方程组：

$$[F_n] = [K_{mn}][u_n] \tag{6-17}$$

　　然而式(6-17)中采用的是单元本身的自然坐标，所有现实问题的求解都需要放入广义的总体坐标内。这里仍然以杆单元为例，如图 6-9 所示，为了将总体坐标 X 与自然坐标变量 r 联系起来，有如下联系公式：

$$x = \frac{1}{2}(1-r)x_1 + \frac{1}{2}(1+r)x_2 \tag{6-18}$$

或写成：

$$x = \sum_{i=1}^{2} \phi_i x_i \tag{6-19}$$

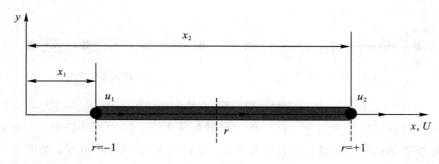

图 6-9　自然与总体坐标下的线性杆单元

其中，$\phi_1 = \frac{1}{2}(1-r)$，$\phi_2 = \frac{1}{2}(1+r)$，是拉格朗日插值函数(Lagrange Family of Interpolation Functions)或称形函数(Shape Functions)。那么，杆的全局位移与总体坐标系有着相同的表达式：

$$u = \sum_{i=1}^{2} \phi_i u_i \tag{6-20}$$

　　整理式(6-18)得到：

$$r = \frac{x - [(x_1 + x_2)/2]}{L/2} \tag{6-21}$$

代入式(6-20)，则有

$$u = \alpha_0 + \alpha_1 x \tag{6-22}$$

其中：

$$\begin{cases} \alpha_0 = \frac{1}{2}(u_1 + u_2) - \frac{x_1 + x_2}{2L}(u_2 - u_1) \\ \alpha_1 = \frac{1}{L}(u_2 - u_1) \end{cases} \tag{6-23}$$

通过式(6-22)和式(6-23)建立了全局单元位移与坐标的联系，这样就能计算式(6-17)在总体坐标下的解。需要说明的是，图 6-9 中的杆单元采用的是线性插值函数，为了提高数值分析的求解精度，还可以采用高阶插值函数为单元设置多个节点，如图 6-10 所示。对于三节点杆单元，其形函数如下：

$$\phi_1=\frac{r(r-1)}{2}, \quad \phi_2=-(r+1)(r-1), \quad \phi_3=\frac{r(r+1)}{2} \tag{6-24}$$

对于四节点杆单元，其形函数如下：

$$\begin{cases} \phi_1=-\frac{9}{16}\left(r+\frac{1}{3}\right)\left(r-\frac{1}{3}\right)(r-1) \\ \phi_2=\frac{27}{16}(r+1)\left(r-\frac{1}{3}\right)(r-1) \\ \phi_3=-\frac{27}{16}(r+1)\left(r+\frac{1}{3}\right)(r-1) \\ \phi_4=\frac{9}{16}\left(r+\frac{1}{3}\right)\left(r-\frac{1}{3}\right)(r+1) \end{cases} \tag{6-25}$$

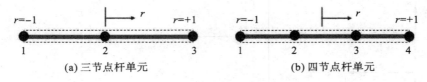

(a) 三节点杆单元   (b) 四节点杆单元

图 6-10　多节点杆单元

目前流行的商用软件没有为一维杆单元设置高阶单元，因为一维杆单元比较简单，线性插值已足够满足求解的精度，只有平面单元、立体单元才有高阶单元，如图 6-11 和图 6-12 所示。本书由于篇幅限制将不展开讲解平面单元和立体单元的构造流程，有兴趣的读者可以参考文献[1]和[2]。这里介绍杆单元的高阶插值是为了让读者厘清插值函数与单元节点的关系，虽然单元的精度随着插值节点数的增多而提高了，但是有限元分析的总体计算量也随之提高了，所以选用何种单元进行计算，需要具体问题具体分析。

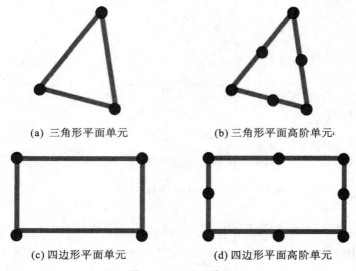

(a) 三角形平面单元   (b) 三角形平面高阶单元

(c) 四边形平面单元   (d) 四边形平面高阶单元

图 6-11　平面单元

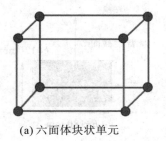 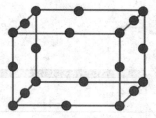

(a)六面体块状单元   (b)六面体块状高阶单元

图 6-12 立体单元

6.2.2 ANSYS 力场分析过程

上述的单元构造、矩阵组合与求解等数学过程，已经被编辑为成熟的计算机语言，如通用的商用有限元软件 ANSYS、ABAQUS 等。工程师无需再花时间在数学计算过程中，以 ANSYS 软件为例，一个典型的有限元力学的静态仿真需要经历如下步骤：

（1）确定问题的场：力场、热场、地磁场还是多场耦合问题，并确定研究对象的控制方程。

（2）确定问题的维度：研究对象的几何特性是否可以简化成二维问题或者一维问题。研究对象是稳态还是瞬态，是否要考虑时间维度。

（3）选择分析问题的单元：根据研究对象的场和维度，选择相应的单元。

（4）输入求解问题必需的材料参数与刚度条件：根据研究对象的控制方程，输入刚度矩阵中需要的材料参数，如果研究对象利用了几何特性进行简化，还需输入单元的几何特性，例如梁单元需要输入梁的截面几何尺寸，平面单元需要确认是否轴对称，力场问题的平面单元还需输入是平面应变还是平面应力的情况。

（5）几何建模：运用工程制图等前处理软件构建研究对象的几何模型，用已选好的单元体划分网格，再由计算机自动组合网格得到整体矩阵方程。

（6）选择求解器：选择稳态求解器或瞬态求解器。

（7）验证数值计算的结果：检验第一计算结果，即节点的自由度变量是否正确。例如力场问题应先检验位移场或变形场，再检验应变、应力场。

（8）数据处理、分析和绘图呈现：导出所关心的计算结果，或者在特定区域内分析计算结果的合理性，或者将计算结构绘制成云图呈现在模型上。

【例题 6-1】 悬臂梁是材料力学中的经典问题[3]，其挠度曲线方程公式为 $v = -\dfrac{Px^2}{6EI_z} \cdot$ $(3L-x)$，那么在 $x=L$ 处，悬臂梁的挠度为 $v_{x=L} = -\dfrac{PL^3}{3EI_z}$，假设此处压力 $P=50$ kN，该悬臂梁的尺寸如图 6-13 所示，杨氏模量 $E=206$ GPa，试采用材料力学和数值计算的方法，求它的最大挠度。

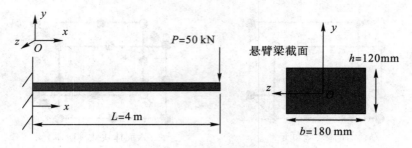

图 6-13　例 6-1 的悬臂梁示意图

解　（1）采用材料力学方法，首先计算该截面的惯性矩：

$$I_z = \frac{bh^3}{12} = \frac{0.18 \times 0.12^3}{12} \mathrm{m}^4 = 2.592 \times 10^{-5} (\mathrm{m}^4)$$

代入挠度公式，计算出最大挠度的解析解：

$$v_{x=L, \text{解析解}} = -\frac{50 \times 10^3 \times 4^3}{3 \times 206 \times 10^9 \times 2.592 \times 10^{-5}} = -0.1998 (\mathrm{m})$$

（2）采用数值计算（有限元）方法，其建模求解过程：① 选取 ANSYS 的梁单元 Beam188（2 node element），其几何建模、网格划分、边界约束和载荷如图 6-14 所示，共计 3 个梁单元、4 个节点；② 在材料模型中输入材料属性，在 $x=L$ 处添加载荷 $P=50$ kN，由于 ANSYS 软件中默认单位为国际单位制，即 kg-m-s，那么输入软件中的参数如表 6-1 所示；③ 选择默认的稳态求解器开始运算，在 ANSYS 后处理中可以获得梁的变形图和挠度云图，如图 6-15 和图 6-16 所示。最终，最大挠度的数值解是 $v_{x=L, \text{数值解}} = -0.1954$ m。

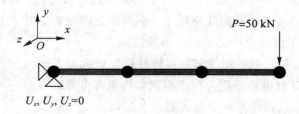

图 6-14　悬臂梁的网格划分

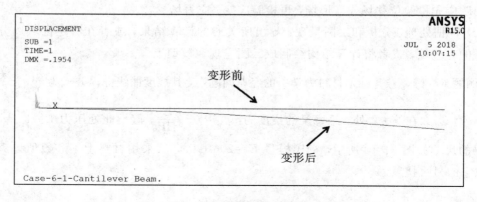

图 6-15　悬臂梁的变形图

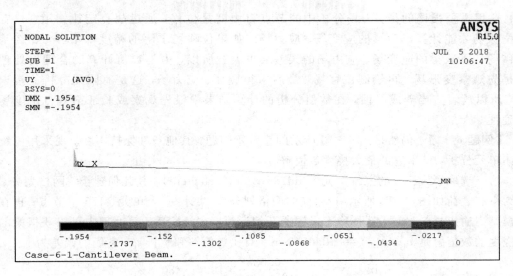

图 6-16　悬臂梁的 y 方向位移(挠度)云图

表 6-1　例题 6-1 中的 ANSYS 输入参数(单位制：kg—m—s)

参数	长度 L	杨氏模量 E	截面尺寸		载荷 P
			宽度 b	厚度 h	
数值	4	206×10^9	0.18	0.12	50×10^3
基本量纲	m	$Pa = \dfrac{N}{m^2} = \dfrac{kg}{m \cdot s^2}$	m	m	$N = \dfrac{kg \cdot m}{s^2}$

对比数值解与解析解，它们的误差为

$$误差 = \frac{0.1998 - 0.1954}{0.1998} \times 100\% = 2.2\%$$

如果增加单元数，重复上述数值求解过程，可以发现：误差随单元网格数的增加而减小，数值解逐渐趋向解析解，如图 6-17 所示，这就是有限元方法中常提到的解的收敛性。该例题的有限元分析过程，已编辑成 APDL 文件，有兴趣的读者可以参考附件 1 中的软件编程语言和 ANSYS 教程[4]，学习建模与分析过程中的细节。

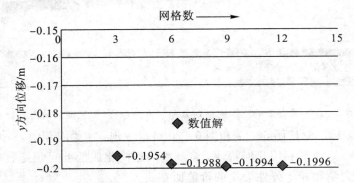

图 6-17　数值解随网格数提升的收敛性(一维梁单元)

这里需要强调的是，力场分析中的节点自由度是位移，通过胡克定律知道，只有通过位移场才能计算出后续的应变场、应力场。如果位移场求解的精度都不够，那么基于位移场计算获得的应变场、应力场的误差会更大。所以，力学数值计算的合理后处理顺序是先观察变形场，再绘制位移场，最后求得应变、应力场，这是有限元分析的常识之一，所以读者应当养成习惯，在数值分析的计算结果中最先观察或验证第一自由度场的正确性。

【例题 6 - 2】 仍然是图 6 - 13 所示的悬臂梁问题，其他条件保持不变，现采用三维六面体单元分析，试求它的最大挠度数值解。

解 选取 ANSYS 的三维单元 Solid185(8 node element)，其几何建模、网格划分、边界约束和载荷如图 6 - 18 所示（较粗糙的网格划分），共计 90 个单元、176 个节点；再在材料模型中输入材料参数，选择稳态求解器开始运算，在 ANSYS 后处理中可以获得梁的最大挠度的数值解是 $v_{x=L, 数值解} = -0.0383$ m。对比数值解和解析解，它们的误差为

$$误差 = \frac{0.1998 - 0.0383}{0.1998} \times 100\% = 80.8\%$$

显然，这是极不精确的。故重新建模，如图 6 - 19 所示（较精细的网格划分），共计 900 个单元、1716 个节点，得到的精确的最大挠度的数值解是 $v_{x=L, 数值解} = -0.1969$ m。对比数值解和解析解，它们的误差为

$$误差 = \frac{0.1998 - 0.1969}{0.1998} \times 100\% = 1.5\%$$

绘制并考察该数值分析案例的收敛性，如图 6 - 20 所示。

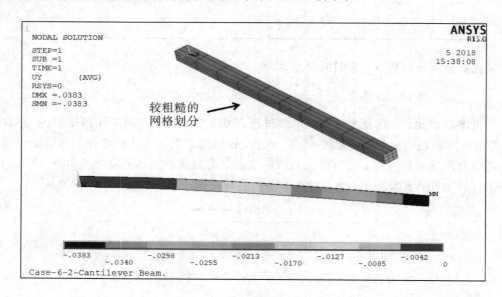

图 6 - 18 悬臂梁的三维网格划分和 y 方向位移（较粗糙的网格划分）

【关键知识点 1】 对比图 6 - 17 和图 6 - 20 可以发现，在梁问题中，一维梁单元比三维实体单元更高效。这说明利用几何特性，将高维问题简化成低维问题是简化计算的有效方法。这也是材料力学相较于弹性力学的价值所在。

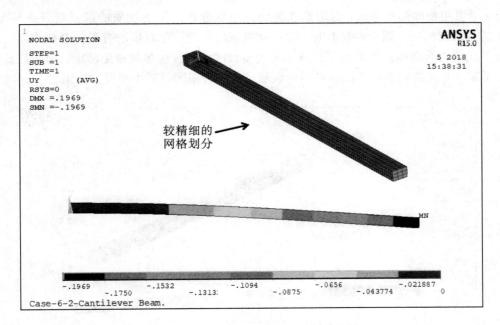

图 6-19　悬臂梁的三维网格划分和 y 方向位移（较精细的网格划分）

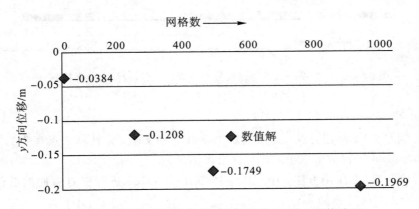

图 6-20　数值解随网格数提升的收敛性（三维六面体单元）

　　【例题 6-3】　仍然是图 6-13 所示的悬臂梁问题，其他条件保持不变，现采用三维四面体单元进行分析，试求它的最大挠度数值解。

　　解　选取 ANSYS 的三维单元 Solid285(4 node element)，其几何建模、网格划分、边界约束和载荷如图 6-21 所示，共计 8152 个单元、2262 个节点；求解获得梁的最大挠度为 $v_{x=L,\text{数值解}} = -0.1623$ m。对比数值解和解析解，它们的误差为

$$误差 = \frac{0.1998-0.1623}{0.1998} \times 100\% = 18.8\%$$

　　【关键知识点 2】　对比例题 6-2 和例题 6-3 可以发现，六面体的网格划分用了更少的单元数就逼近了解析解，而四面体的网格划分则用较多的单元数或节点数，其求解误差仍然较大。这主要是由于"三角形比四边形更稳定"这个几何特性造成的（例如现实生活中的三脚架特别稳定）。三角形或四面体单元的刚度比四边形或六面体单元的刚度高是不可

避免的，采用相同的单元数，四边形性质的网格划分比三角形性质的网格划分更易变形、更快达到求解精度。因此，由于单元体自身刚度的原因，在力场的有限元分析中，四边形二维单元或者六面体三维单元是首选单元类型。网格划分应尽量避免出现三角形性质的单元，除非是几何特别不对称或者畸形的区域。这是有限元分析中重要的常识之一。

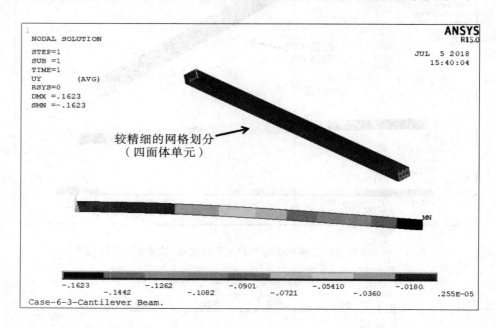

图 6-21　悬臂梁的三维网格划分和 y 方向位移（较精细的网格划分）

☞ 习题

1. 学习例题 6-1 所用方法，参考材料力学教材和文献，先计算三点弯曲的解析解，再用梁单元 Beam188 进行数值求解，并对比求解结果。

2. 学习例题 6-2 所用方法，用三维立体单元 Solid185 进行三点弯曲的数值求解，对比解析解和数值解的计算结果。

3. 学习例题 6-1 所用方法，参考材料力学教材和文献，先计算四点弯曲的解析解，再用梁单元 Beam188 进行数值求解，并对比求解结果。

4. 学习例题 6-2 所用方法，用三维立体单元 Solid185 进行四点弯曲的数值求解，对比解析解和数值解的计算结果。

☞ 参考文献

［1］ KLAUS J B. 有限元法：理论、格式与求解方法．轩建平，译．北京：高等教育出版社，2016.

［2］ THOMAS J R H. The Finite Element Method. Prentice-Hall，New Jersey，U. S. A，1987.

［3］ RUSSELL C H. Mechanics of Materials. Prentice-Hall，New Jersey，U. S. A，1996.

［4］ 张洪才，何波．ANSYS 13.0 从入门到实战．北京：机械工业出版社，2011.

6.3　热场计算流程

6.3.1　热单元构造

通过上一节的学习，我们熟悉了有限元力场计算的流程。类似地，当展开一个热场数值分析，首先要确定的就是热控制方程(即导热微分方程)：

$$\frac{\partial T}{\partial t} = \frac{k}{\rho c}\left(\frac{\partial^2 T}{\partial x^2} + \frac{\partial^2 T}{\partial y^2} + \frac{\partial^2 T}{\partial z^2}\right) + \frac{\phi}{\rho c} \tag{6-26}$$

在 ANSYS 中，上式被转化成了矩阵形式的代数方程：

$$[C][\dot{T}] + [K][T] = [Q] \tag{6-27}$$

由于非稳态的讨论将在第 8 章展开，本节的热分析仅考虑稳态情况，即 $\frac{\partial T}{\partial t}=0$，如果导热系数是常数的话，那么可以重写式(6-26)，得到稳态热控制方程

$$0 = k\left(\frac{\partial^2 T}{\partial x^2} + \frac{\partial^2 T}{\partial y^2} + \frac{\partial^2 T}{\partial z^2}\right) + \phi \tag{6-28}$$

那么稳态的矩阵方程可以写成：

$$[K][T] = [Q] \tag{6-29}$$

稳态热分析用于确定在稳态条件下的温度分布及其他热特性。通常在进行瞬态热分析之前进行稳态热分析，以确定初始温度分布，或者在所有瞬态效应消失后，将稳态热分析作为瞬态热分析的最后一步进行分析。稳态热分析可以计算不随时间变化的热载荷引起的温度、热梯度、热流率、热流密度等参数，也可以计算材料属性固定不变的线性问题和材料性质随温度变化的非线性问题。然而，现实中，大多数材料的热性能都随温度变化，是否在微电子制造中的热分析考虑这些复杂的材料性能变化，这需要由热分析投入、计算效率和结果精度等要求来决定。通常情况下，微电子系统的热分析都是从一个材料属性固定的、稳态的热分析开始的。

将载荷条件输入[Q]，将材料参数和几何尺寸信息输入刚度矩阵[K]，将边界条件输入[T]，即可求解该线性方程组式(6-29)。显然，从控制方程式(6-28)可以知道，热场的节点自由度只有一个，即温度。开展一个稳态热分析需要输入的材料参数仅是导热系数，而在非稳态分析中，才需要考虑密度和比热容。需要强调的是，热场自由度不同于力场单元的自由度，前者是标量而后者是矢量，这是有限元分析的重要常识之一。例如热场得到的数值，其中的正负号指的就是温度的高低。应力场得到的数值，其中的正负号指的是应力方向，比如拉应力或者压应力。

与力场单元类似，热单元同样采用形函数建立自然坐标与全局坐标的联系，单元构建过程参考式(6-18)至式(6-25)和 ANSYS 单元库"ANSYS Help. Element Library"[1-2]。一些典型的 ANSYS 热单元如表 6-2 所示，表中对应的力场单元指的是，在热力耦合场分析中需要将热场的计算结果(温度)作为载荷添加在力场中，因此热场单元需要跟力场单元匹配。例如，热二维单元 PLANE55 对应力二维单元 PLANE182，热三维单元 SOLID87 对应力单元 SOLID185。更多的热力耦合分析介绍将在 6.5 节中展开，这里先把热-力单元

的对应关系归入表 6-2 中。此外，上一节中我们介绍了三角形性质的力场单元刚度比四边形性质的大，因此应当避免选择三角形性质的单元做力场分析。热单元并不存在刚度的问题，单纯的热分析用三角形性质的单元和四边形性质的单元差异不大，但是我们仍然建议在热分析中优先使用四边形性质的单元体，原因有两点：① 避免在热力耦合分析中出现力场单元体刚度过大的影响；② 单个封装体的内部结构虽然复杂，但是芯片、黏结剂、衬底、基板等部件都是平整的，三角形性质的单元体在网格划分后，不利于添加节点载荷，也不利于后处理时核心单元的选取和计算。

表 6-2　典型的热单元(ANSYS 为例)

单元名称	维数	单元特点	对应的力场单元
PLANE55	二维	4 节点四边形单元	PLANE182
PLANE77	二维	8 节点四边形单元	PLANE183
SOLID70	三维	8 节点六面体单元	SOLID185
SOLID90	三维	20 节点六面体单元	SOLID186

6.3.2　ANSYS 热场分析过程

ANSYS 提供了 6 种热载荷，可以施加在实体模型或单元模型上，包括温度、热流率、对流、热流密度、生热率和热辐射率：

(1) 温度(TEMP)。温度通常作为自由度约束施加于温度已知的边界上。它可以施加在有限元的节点上，也可以施加在实体模型的关键点、线及面上。

(2) 热流率(HEAT)。热流率是一种节点集中荷载，只能施加在节点或关键点上，主要用于线单元模型。

(3) 对流(CONV)。对流是一种面荷载，用于计算流体与实体的热交换，它仅可施加于实体和壳模型上。

(4) 热流密度(HFLUX)。热流密度也是一种面载荷。当通过单位面积的热流率已知，可以在模型相应的外表面上施加热流密度。如果输入的值为正，表示热流流入单元。热流密度也仅适用于实体和壳单元。单元的表面可以施加热流密度，也可以施加对流，但 ANSYS 仅读取最后施加的面载荷进行计算。

(5) 生热率(HGEN)。生热率作为体载荷施加于单元上，可以模拟单元内的热生成，比如化学反应生热或电流生热。它的单位是单位体积的热流率。它可以施加在有限元模型的节点与单元上，也可以施加在实体模型的关键点、线和面上。

(6) 热辐射率。热辐射率也是一种面载荷，通常施加于实体的外表面。它可以施加在有限元模型的节点与单元上，也可以施加在实体模型的线和面上。上述的实体模型指的是前处理中由关键点、线、面、体组成的几何模型，有限元模型指的是几何模型进行网格划分后，由众单元或众节点组成的矩阵。

【例题 6-4】　参考图 2-5 的一维导热问题，试用 ANSYS 绘制热云图。

解　选取 ANSYS 的二维热单元 Plane55，其几何建模、网格划分与边界条件如图 6-22 所示，共计 400 个单元、441 个节点。最左侧的边界温度设为 100 ℃，最右侧的边界温度设为 10 ℃，顶端和底部的边界为绝热(即不设置任何参数)，求解后绘制热云图，如图

6 - 23 所示(a<b)。

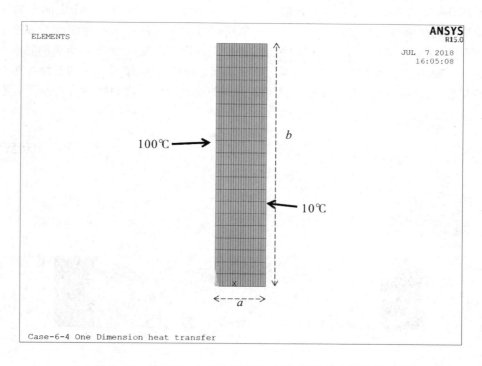

图 6 - 22　例题 6 - 4 的几何建模、网格划分与边界条件

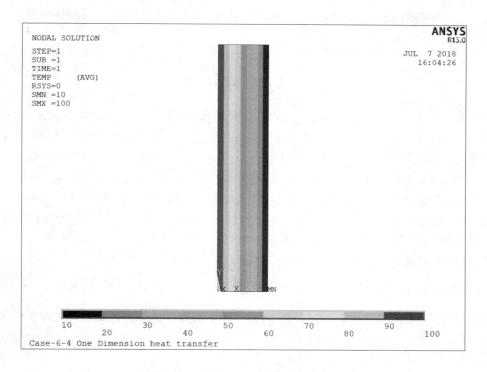

图 6 - 23　例题 6 - 4 的热云图(a<b)

可以发现，图 6-23 的温度分布与图 2-5 一致，需要说明的是，图 6-23 实际上是一个二维热分析，这里通过强制设定顶端和底部的边界为绝热来实现在一个方向上的导热。

如果将几何模型的长与宽大小对调，仍然可以得出类似的一维导热温度分布图，如图 6-24 所示（$a > b$）。但是，图 6-24 的情况显然不符合实际的一维平壁导热问题，一维平壁要求平壁的厚度远小于平壁的长和宽，即要求 $a \ll b$。这说明图 6-24 的一维导热在现实中并不存在，它仅存在于人为设定的边界条件与数值分析中，这种数值分析并不具有现实意义。

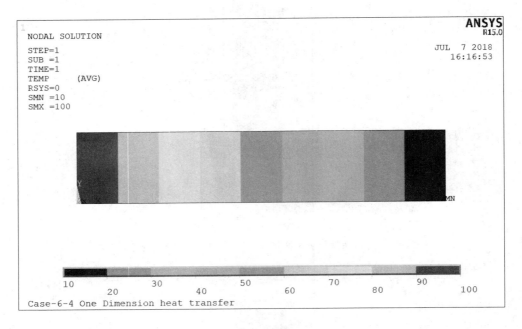

图 6-24　例题 6-4 的热云图（$a > b$）

【例题 6-5】　参考图 2-7 极坐标下的一维导热问题，试用 ANSYS 绘制热云图。

解　选取 ANSYS 的二维热单元 Plane55，其几何建模、网格划分与边界条件如图 6-25 所示，共计 300 个单元、364 个节点。最外侧的边界温度设为 100℃，中心温度设定 10℃，求解后绘制热云图，如图 6-26 所示。可以发现，图 6-26 的温度分布与图 2-7 一致，需要说明的是，图 6-26 中的一维导热（由中心向四周的热传导）在 ANSYS 默认的直角坐标系下也是一个二维热分析，这里通过强制设定中心和外部边缘的边界条件来实现在一个方向（极坐标半径方向）上的导热。如果将圆形变换为方形，其他条件不变，如图 6-27 所示，仍然可以求得热云图，如图 6-28 所示。然而，图 6-28 是存在瑕疵的。本例题的导热控制方程为 $0 = \dfrac{\partial^2 T}{\partial x^2} + \dfrac{\partial^2 T}{\partial y^2}$，它说明温度分布仅跟位置相关，那么在 r_1 处和 r_2 处的温度应该是不等的。这说明：① 方形模型中设定的边界条件并不正确，不符合传热学理论；② 虽然边界并不正确，但是数值分析仍然保证了中心区域的求解正确性。边界的误差并不影响远离边界区域的求解，这是有限元分析常见的情况。

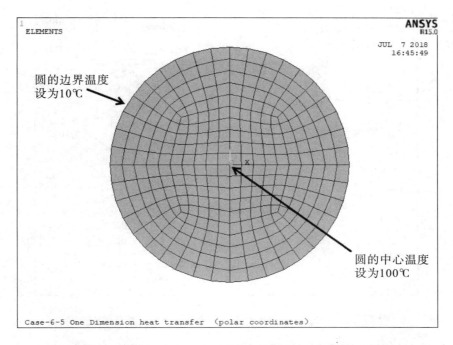

图 6 - 25 例题 6 - 5 的几何建模、网格划分与边界条件(圆形)

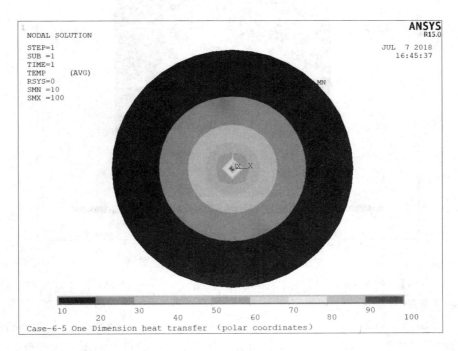

图 6 - 26 例题 6 - 5 的热云图(圆形)

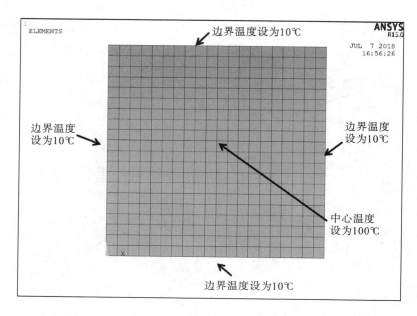

图 6-27   例题 6-5 的几何建模、网格划分与边界条件（方形）

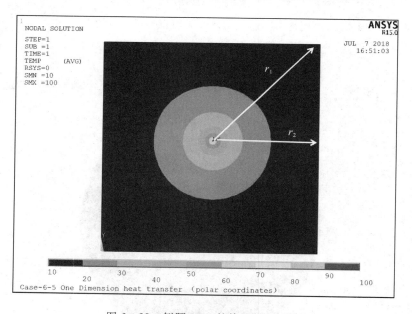

图 6-28   例题 6-5 的热云图（方形）

【例题 6-6】   参考图 3-11 的二维导热解析解，试用 ANSYS 求得数值解，并绘制不同边界条件下的热云图。

解   选取 ANSYS 的二维热单元 Plane55，其几何建模、网格划分与边界条件如图 6-29 所示，共计 400 个单元、441 个节点。首先，最左侧的边界温度设为 100℃，其余边界温度设为 10℃，求解后绘制热云图，如图 6-30 所示。其次，左侧与顶端的边界温度都设为 100℃，其余边界温度设为 10℃，求解后绘制热云图，如图 6-31 所示。再次，左侧、顶端与右侧的边界温度都设为 100℃，其余边界温度设为 10℃，求解后绘制热云图，如图 6 - 32 所示。可以发现，这几张数值求解的热云图与第 3.3 节中的解析解一致，二维稳态导热的温度分布具有三角函数的性质。此外，本例题与上述两道例题的导热控制方程都是 $\dfrac{\partial^2 T}{\partial x^2} + \dfrac{\partial^2 T}{\partial y^2} = 0$，可见，温度分布与材料参数无关，无论材料如何改变，热云图都不会改变。

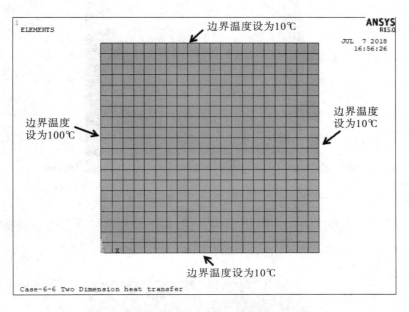

图 6 - 29 例题 6 - 6 的几何建模、网格划分与边界条件

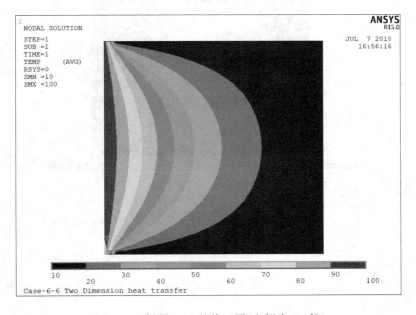

图 6 - 30 例题 6 - 6 的热云图（左侧为 100℃）

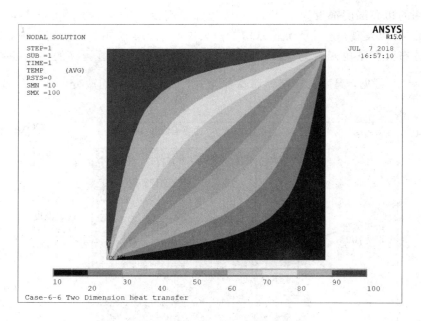

图 6 - 31 例题 6 - 6 的热云图（左侧、顶部为 100℃）

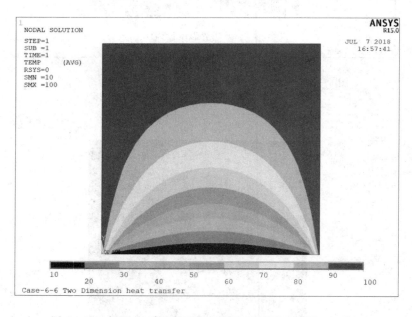

图 6 - 32 例题 6 - 6 的热云图（左侧、顶部和右侧为 100℃）

☞ **习题**

1. 学习例题 6 - 4 的建模方法，采用三维单元 Solid87 构建平壁模型，求解三维模型下的一维稳态导热。

2. 学习例题 6 - 4 的建模方法，仍然采用二维单元 Plane55，参考图 2 - 6 的一维导热问题，试用 ANSYS 绘制有内热源情况下的一维导热热云图。

3. 学习例题 6-5 的建模方法，以长方形作为几何模型，试用 ANSYS 绘制热云图，比较例题的热云图，并观察它们的区别。

☞**参考文献**

[1]　ANSYS HELP. Element Library.
[2]　张洪才，何波. ANSYS 13.0 从入门到实战. 北京：机械工业出版社，2011.

6.4　微系统热分析

6.4.1　单位统一

众所周知，微电子系统或单个封装体的尺寸较小，通常以 mm 为单位，如果在有限元建模中仍然采用默认的国际单位制（kg-m-s-℃），会带来极大的不便和不可预见的计算错误。因为，所有毫米级别的封装尺寸都要乘以 10^{-3} 才能以 m 为单位，而网格划分之后生成的单元尺寸会比封装尺寸更小，在 $10^{-4}\sim10^{-6}$ m 的区间内。这些 $10^{-4}\sim10^{-6}$ m 的单元尺寸在刚度矩阵的组合、运算中，很容易被计算机当成无穷小数而忽略不计。所以，微电子系统的有限元仿真通常采用 kg-mm-s-℃ 的单位制，这是重要常识之一。现在以材料的热性能的单位为例，我们来推导它的基本量纲。

（1）导热系数 k：

$$\frac{W}{m\cdot℃}=\frac{能量/时间}{m\cdot℃}=\frac{J/s}{m\cdot℃}=\frac{力\times位移}{m\cdot℃\cdot s}=\frac{F\times m}{m\cdot℃\cdot s}$$

$$\Rightarrow\frac{质量\times加速度}{℃\cdot s}=\frac{kg\times m\times s^{-2}}{℃\cdot s}$$

$$\Rightarrow kg\cdot m\cdot℃^{-1}\cdot s^{-3}$$

（2）表面换热系数 h：

$$\frac{W}{m^2\cdot℃}=kg\cdot℃^{-1}\cdot s^{-3}$$

（3）比热容 c：

$$\frac{J}{kg\cdot℃}=\frac{F\times m}{kg\cdot℃}=\frac{kg\times m\times s^{-2}\times m}{kg\cdot℃}=m^2\times℃^{-1}\times s^{-2}$$

（4）密度 ρ：

$$\frac{kg}{m^3}=kg\times m^{-3}$$

通过上面的量纲推导发现，只有表面换热系数 h 在 kg-m-s-℃ 和 kg-mm-s-℃ 的量纲变化中不受影响，而与材料参数相关的单位在量纲变化中都需要乘以相应的系数。

【例题 6-7】 已知铜的导热系数在 kg-m-s-℃ 单位制下是 385 W/(m·℃)，它的比热容是 390 J/(kg·℃)，它的密度是 8900 kg/m³。试求它们在 kg-mm-s-℃ 单位制下的数值。

解　（1）铜的导热系数 k：
385 W·m^{-1}·℃$^{-1}$=385 kg·m·℃$^{-1}$·s^{-3}=385×10³ kg·mm·℃$^{-1}$·s^{-3}

(2) 铜的比热容 c：

　　$390\ \mathrm{J\cdot kg^{-1}\cdot ℃^{-1}}=390\ \mathrm{m^2\cdot ℃^{-1}\cdot s^{-2}}=390\times10^6\ \mathrm{mm^2\cdot ℃^{-1}\cdot s^{-2}}$

(3) 铜的密度 ρ：

　　$8900\ \mathrm{kg\cdot m^{-3}}=8900\times10^{-9}\ \mathrm{kg\cdot mm^{-3}}=8.9\times10^{-6}\ \mathrm{kg\cdot mm^{-3}}$

　　整理上述在 kg－mm－s－℃ 单位制下的铜材料参数入表 6－3。读者可以根据各自有限元仿真的需要，自行换算硅、铝、金、树脂材料、PCB 等其他材料在 kg－mm－s－℃ 单位制下的材料参数。

表 6－3　不同量纲下的铜材料参数

	铜的导热系数	铜的比热容	铜的密度
kg－m－s－℃单位制	385	390	8900
kg－mm－s－℃单位制	385×10^3	390×10^6	8.9×10^{-6}

6.4.2　建模技巧

　　微电子系统的实际结构通常比较复杂，各部件之间尺寸经常不在一个量级上，虽然通过单位制换算解决了统一量纲的问题，但是建立跟实际情况一模一样的三维模型会花费很多时间和精力，采用一些必要的技巧来简化有限元模型是仿真工程中常见的做法。这些技巧中最常见、最重要的是利用被研究物体的几何特性简化几何模型，如 6.1 节中图 6－1 至图 6－3 的描述。由于工业量化生产的规格要求，常见电子封装体通常都是规整的、具有几何对称性的，因此 1/4 模型（Quarter Model）、1/8 模型（One Eighth Model）、条状模型（Strip Model）、二维轴对称模型（Axial Symmetry Model）等，都是最常被采用的简化模型。

1. 1/4 模型（Quarter Model）

　　1/4 模型主要是利用封装体的中心对称特性构建的，如图 6－33 所示。在力场分析中，需要在对称界面上添加对称边界条件，在中心位置施加约束。在热场分析中，在对称界面设绝热条件即可，因为绝热条件的要求是界面上无热流量传递，而对称条件的要求是界面两边的所有信息对称，即界面两端的温度相等，温度相等意味着热平衡、无热流量传递。

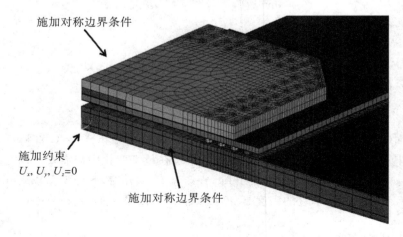

图 6－33　典型的 1/4 热模型（BGA 器件结合部分 PCB）

所以，热场中的对称条边界等于绝热边界。当求解一个 1/4 模型后，可以将它的计算结果沿着对称界面展开，得到一个完整的全模型计算结果，如图 6－34 所示。

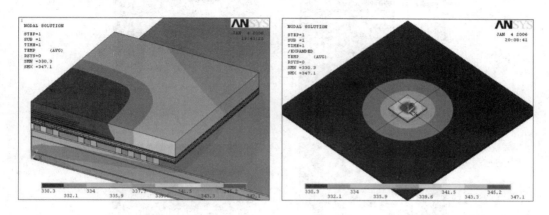

图 6－34　典型的 1/4 热模型结果显示（BGA 器件结合部分 PCB）

2. 1/8 模型（One Eighth Model）

1/8 模型主要是利用封装体的中心对称特性构建的，如图 6－35 所示。相较于 1/4 模型，它的优势是计算量减半，但是 1/8 模型人为地造成了在对角线上的几何畸形，这会造成该处的应力集中。如果对角线上最边缘的焊球是最可能失效的位置，需要采集该焊球模型的节点计算结果作为疲劳公式的输入值，那么此时就不合适采用 1/8 模型。

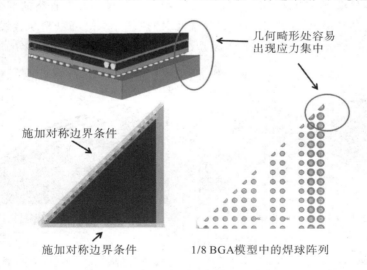

图 6－35　典型的 1/8 模型（BGA 器件结合部分 PCB）

3. 条状模型（Strip Model）

条状模型的简化原理是基于工程经验与常识，而不是利用封装体的对称特性。从大量的封装可靠性文献中知道[1-2]，大部分失效发生在电子元器件的最大变形处，即对角线的边缘位置，如图 6－36 所示。所以，可以针对电子元器件的对角线区域单独建立一条条状的模型。

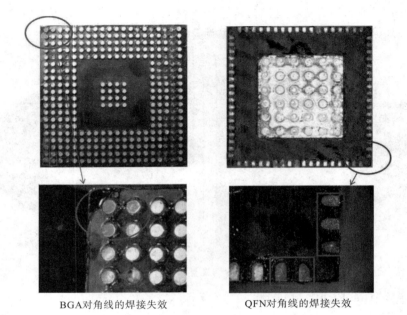

BGA对角线的焊接失效　　　　　QFN对角线的焊接失效

图6-36　典型的电子元器件的对角线焊接失效

建立条状模型的主要目的是：

（1）在构建完整的、复杂的三维模型之前，利用较简单的条状模型进行预分析；

（2）通过条状模型的A、B对比，确认在后续完整建模中可以省略的部分。如图6-37所示，通过对比条状模型"不含金线"和"含金线"的热场结果，可以判断金线导热对芯片散热的影响非常小，因此可以在整体三维模型的构建中省略金线的建模部分。

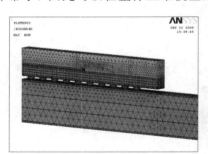

(a) 整体条状模型（构建了金线）

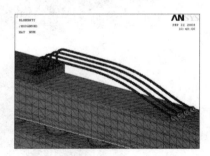

(b) 条状模型（不显示环氧树脂）

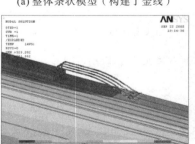

(c) 条状模型云图（不显示环氧树脂）

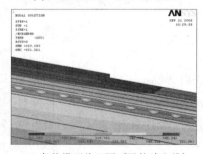

(d) 条状模型热云图（没构建金线）

图6-37　典型的条状模型

4. 二维轴对称模型(Axial Symmetry Model)

二维轴对称模型主要是利用物体的中心对称轴,先构建二维平面模型,再以对称轴旋转 360°构建的。对比上面三种模型,该模型是二维平面模型,它的突出优点是模型构建的工作量、求解计算的时间远小于三维模型,但是封装体的各组件大多数情况下都是方的、不是圆的,所以该模型在封装仿真中较少应用。例如,LED 等光电器件的透镜是球形,在一些 LED 的简化模型仿真中可以采用二维轴对称模型快速评估 LED 芯片的结温。

5. 等效材料模型(Effective Material Model)

等效材料模型同上述模型都不同,它通过将两个或多个材料看成一个等效材料来简化建模过程。例如 PCB 的建模,众所周知,PCB 由铜和树脂材料(FR4)构成,PCB 上铜层的铜纹路特别复杂,要让有限元模型跟实际情况一模一样特别困难。因此,有研究人员提出可以用一种等效材料模型来替代铜层的建模[3],等效材料参数的计算公式如下:

$$k_{eff} = k_{Cu} A_{Cu} + k_{FR4} A_{FR4} \qquad (6-30)$$

其中,k_{eff} 指等效材料的热传导系数,k_{Cu} 指铜的热传导系数,A_{Cu} 指铜纹路的面积占 PCB 总面积的比例,k_{FR4} 指树脂的热传导系数,A_{FR4} 指树脂的面积占 PCB 总面积的比例。应用等效材料的有限元分析的正确性可以通过如下一组设计性实验验证。器件模型如图 6-38 所示,模型包括一个功率器件和双层 PCB。现建立不同的铜面积比、不同的铜纹路样式的有

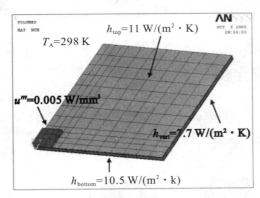

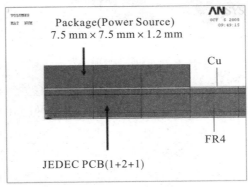

图 6-38　双层 PCB 与其搭载器件的有限元模型

限元模型，并建立与之对应的采用了等效材料的有限元模型，通过表 6-4 的对比可以发现，原始铜纹路模型与等效材料模型的最高温度数值解相差无几（正负 0.5 度的范围），这证明了等效材料模型的实用性和正确性。实际微电子的热仿真工程中，如果求解的核心区域位于芯片、器件或者焊接球等位置，那么在构建远离核心求解区域的部分的模型时，采用等效材料模型简化建模过程，是较常用的建模技巧之一。

表 6-4　等效材料模型的有限元实验验证

序号	铜的比例	铜纹路样式	原始铜纹路模型		等效材料模型	
			FEM	T_{max}/K	FEM	T_{max}/K
1	100.0			309.5	N/A	N/A
2	75.0			310.7		310.3
3	54.5			311.7		311.2
4	40.5			312.6		311.9
5	18.5			313.3		313.9
6	0.0			319.7	N/A	N/A

6.4.3　数值结果的正确性

上一小节中，图 6-24、图 6-28 的例子告诉我们，数值分析并不都具有现实意义，也并不都和理论完全相符。数值结果的应用，需要理论支持和现实依据。所以，在应用数值计算结果指导实际工作之前，一定要验证数值结果的正确性。验证方法的类别大致分为理论和实验方法，实验方法将在 7.2 节中展开，这里介绍的理论验证方法，主要是利用"温度的连续性"结合"观察热云图的分布"，来分析数值结果的正确性，这是有限元热分析中最常用、最重要的验证技巧。

仍然以极坐标一维导热为例，如果热云图的呈像如图 6-39 所示，可以很明显地观察到：

（1）热云图中的等温线不够平滑，波折非常明显；

（2）根据图 2-7 的成像及理论上的推导，极坐标下的一维导热等温线应该是圆的，而该图中的等温线在越靠近中心的区域越呈现方形。

上述两点说明，该图的网格划分不够细致，造成温度场的求解精度与解析解相差较大。如果网格划分足够细致，热云图应当如图 6-26 所示。

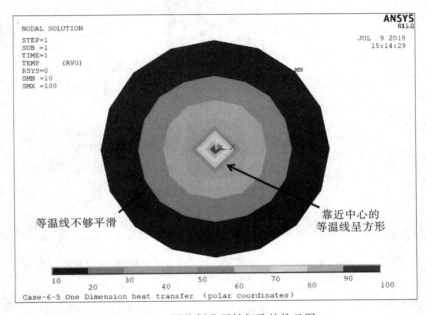

图 6-39 网格划分不够细致的热云图

【例题 6-8】 已知两层复合平壁，左侧的边界温度设为 100℃，右侧的边界温度设为 10℃，顶端和底部的边界为绝热，试用 ANSYS 求它的热云图。

解 选取 ANSYS 的二维热单元 Plane55，其几何建模、网格划分和边界条件如图 6-40 所示。第一次求解后获得的热云图，如图 6-41 所示。可以很明显地观察到，两层板子的温度在界面处不连续，这显然不符合 3.2 节中关于一维多层平壁导热的理论推导。造成界面不连续的原因是，拟求解的复合平壁应为一个连续体，但是在有限元建模中并没有建立两层平壁的联系，看上去通过了界面互联，但实际上 ANSYS 是在两块独立的面积上进行了网格划分，所以求解得到了不连续的温度场分布。找到问题所在后，在有限元建模中将两个面积互联（利用 AGLUE 命令），此时模型才作为一个连续体被划分了网格，再次求解后获得了正确的、连续的热场分布，如图 6-42 所示。该例题的错误看似明显，但是在复杂的封装体模型构建中，会出现成千个线段、上百个面、数十个体，由于几何位置的重叠造成一些重复的线段、面和体，如果没有通过一些建模技巧将其整合、构建成一个连续体，那么封装的热分析就无法获得正确的、连续的温度场。观察温度的连续性，是判断建模中是否出现错误的重要依据，这是有限元热分析的重要常识之一。在同一个连续体内，求解得不连续的等温线，一定是热分析不正确的信号。该例题的 ANSYS APDL 程序语言见附录，建议读者将附件中的 APDL 程序与商业软件的使用教程相结合，认真学习建模技巧，避免出现例题 6-7 中的建模失误。

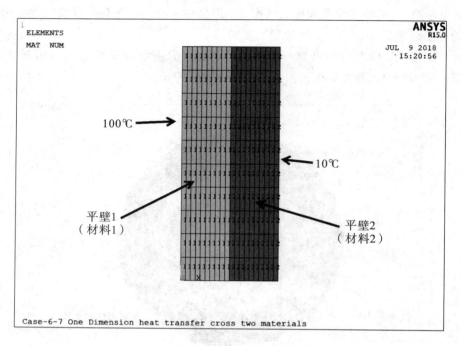

图 6-40　两层复合平壁的有限元模型

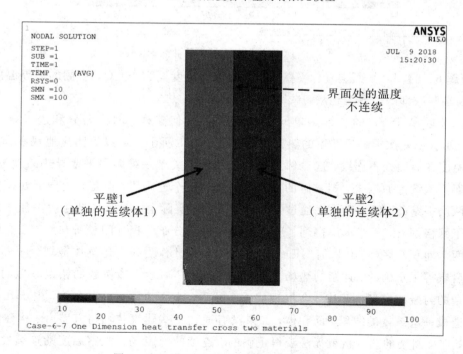

图 6-41　错误的热云图（界面处温度不连续）

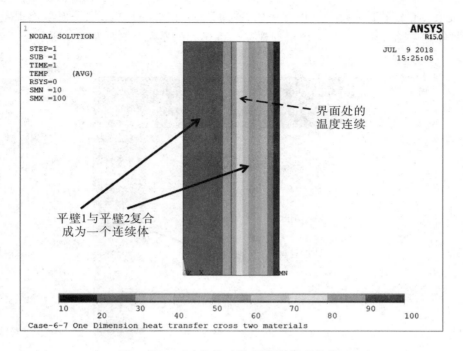

图 6 - 42　正确的热云图(界面处温度连续)

6.4.4　封装案例分析

通过上面 3 个小节的介绍,我们熟悉了有限元热场分析的流程以及封装仿真的注意事项。下面以 ANSYS 软件为例,详细介绍一套完整的封装体的有限元热分析过程。

【例题 6 - 9】 已知 7 mm×7 mm 的 QFN 器件,其各部件的几何尺寸见附录 APDL 程序中的表述,芯片功率为 0.5 W,试用有限元方法求解该 QFN 器件在稳定工作状态时的内部热场。

解 (1)单位统一。根据 6.4.1 节的介绍,这里的 QFN 器件用到了 4 种材料,分别是铜、银浆胶、芯片和塑封用环氧树脂,它们在该有限元模型中的材料参数,如表 6 - 5 所示。

表 6 - 5　输入有限元模型的材料参数(单位制：kg−mm−s−℃)

材　　料	导热系数	比热容	密　　度
模型中的材料 1：铜	385×10^3	390×10^6	8.9×10^{-6}
模型中的材料 2：银浆胶	5×10^3	5×10^6	0.5×10^{-6}
模型中的材料 3：硅	130×10^3	130×10^6	1.5×10^{-6}
模型中的材料 4：树脂	0.5×10^3	0.5×10^6	0.3×10^{-6}

(2)建模过程。根据 6.4.2 节的介绍,这里利用 QFN 器件的中心对称特性,建立 1/4 模型。建模过程：

① 先在 *XOY* 平面上建立铜焊盘和环氧树脂的投射面，并用二维平面单元 Plane55 进行网格划分，这些二维单元是后续拉伸建立三维单元的基础，如图 6-43 所示。

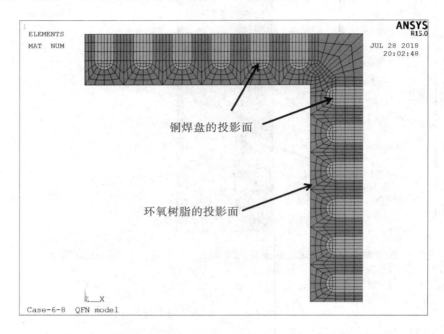

图 6-43　建模步骤①：铜焊盘的投影面二维建模和网格划分

② 再在 *XOZ* 平面上建立银浆胶的投射面，如图 6-44 所示。

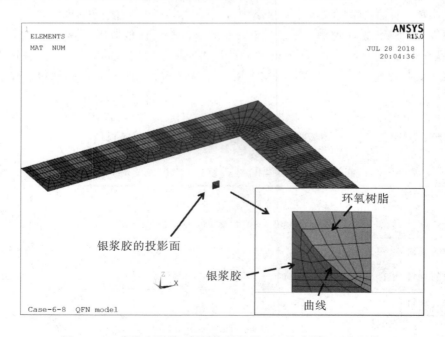

图 6-44　建模步骤②：铜焊盘的投影面二维建模和网格划分

③ 通过旋转与拉伸获得银浆胶及其包裹银浆胶的环氧树脂三维模型，如图 6-45 和图 6-46 所示。需要指出的是，银浆胶及其包裹它的环氧树脂界面是曲线，因为 Plane55 不能旋转出一个曲面体，所以这里的二维投影平面单元采用 Shell57 进行网格划分，旋转得到的三维曲面体由 Solid90 进行划分，拉伸得到的长条银浆胶模型由 Solid70 进行划分。

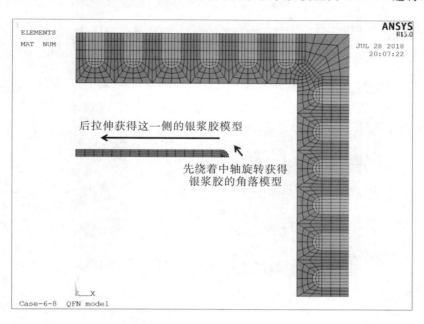

图 6-45　建模步骤③-1：旋转与拉伸获得银浆胶的三维模型

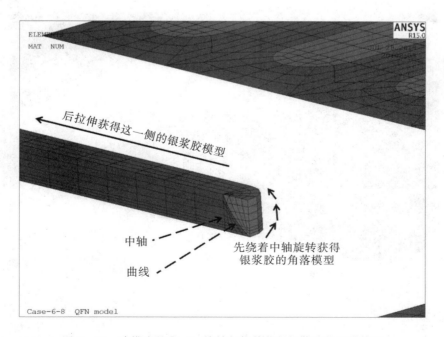

图 6-46　建模步骤③-2：旋转与拉伸获得银浆胶的三维模型

④ 再往 Y 的负方向拉伸获得整个芯片及其银浆胶层的三维模型，如图 6-47 和图 6-48 所示。

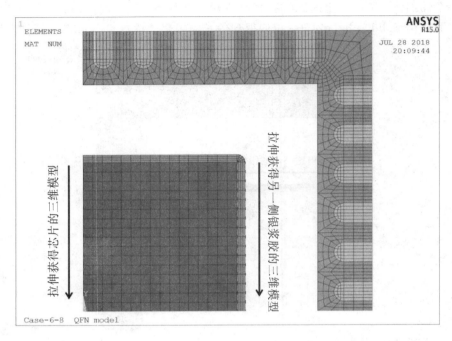

图 6-47　建模步骤④-1：拉伸获得芯片的三维模型

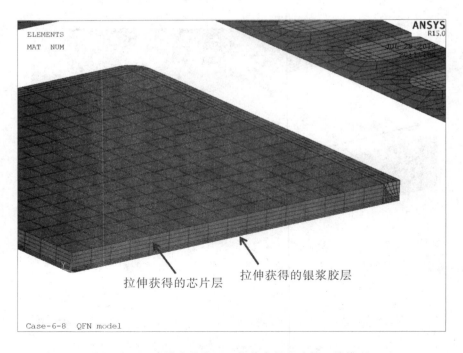

图 6-48　建模步骤④-2：拉伸获得芯片的三维模型

　　⑤ 接着在中间留空处建立环氧树脂层的投影平面二维模型，如图 6 - 49 和图 6 - 50 所示。

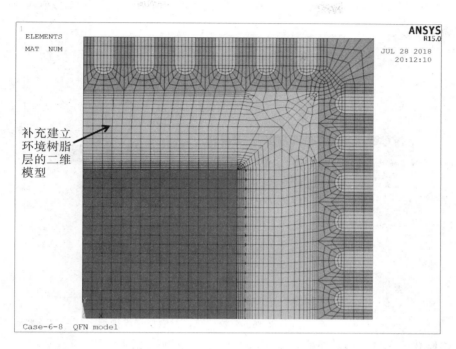

图 6 - 49　建模步骤⑤- 1：建立环氧树脂层的投影平面二维模型

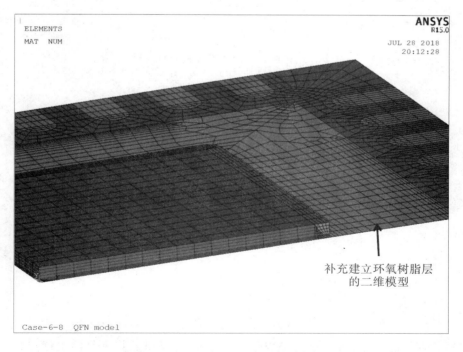

图 6 - 50　建模步骤⑤- 2：建立环氧树脂层的投影平面二维模型

⑥ 拉伸获得衬底层三维模型，如图 6-51 所示。

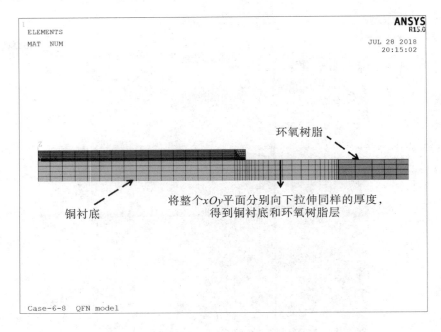

图 6-51　建模步骤⑥：拉伸获得衬底层三维模型

⑦ 拉伸获得芯片、环氧树脂等上半部分的三维模型，如图 6-52 所示。

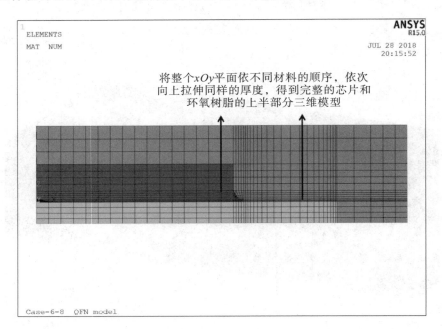

图 6-52　建模步骤⑦：拉伸获得芯片等上半部分的三维模型

⑧ 将拉伸后的 2D 平面模型全部删除，并通过"nummrg"将重复的关键点、节点全部合二为一或者合多为一，这样才能保证整体三维模型的连续性并在后续加载和计算上不出

错，这是采用拉伸二维模型建立三维模型非常重要的一步。整理后的三维整体模型，如图 6-53 和图 6-54 所示。

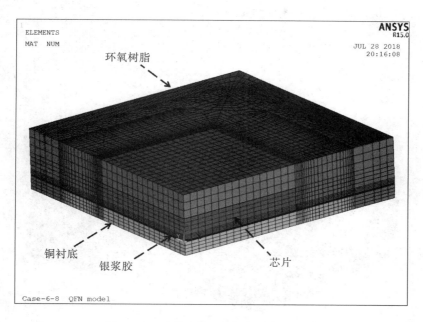

图 6-53　建模步骤⑧-1：整体三维模型

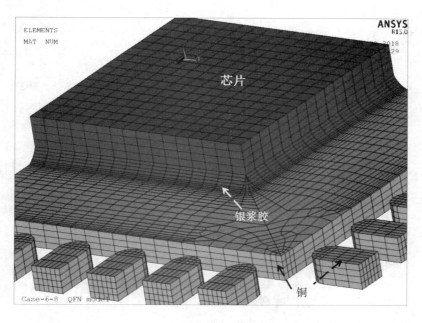

图 6-54　建模步骤⑧-2：整体三维模型（不显示环氧树脂部分）

（3）边界条件与载荷。假设 QFN 器件暴露在 3 m/s、温度为 25℃的平流层空气中，可以用式(1-6)求得对流换热系数：

$$h = 3.9 \left(\frac{U_\infty}{L} \right)^{1/2} = 3.9 \times \left(\frac{3}{7 \times 10^{-3}} \right)^{1/2} = 80.75 (\text{W}/(\text{m}^2 \cdot \text{℃})) = 80.75 (\text{kg}/(\text{s}^3 \cdot \text{℃}))$$

将计算所得的数值作为边界条件，添加至 QFN 模型的所有外表面，如图 6-55 所示；如图 6-56 所示，又已知芯片的功率是 0.5 W，那么在芯片体积内的生热率可以计算得

$$HGEN = \frac{0.5 \text{ W}}{V_{芯片}} = \frac{0.5 \times 10^6 (\text{kg} \cdot \text{mm}^2)/\text{s}^3}{3.8 \text{ mm} \times 3.8 \text{ mm} \times 0.33 \text{ mm}} = 104 \ 927 \ (\text{kg}/(\text{mm} \cdot \text{s}^3))$$

注意，上面的参数单位都是在 kg—mm—s—℃ 整个基本量纲体系下的。

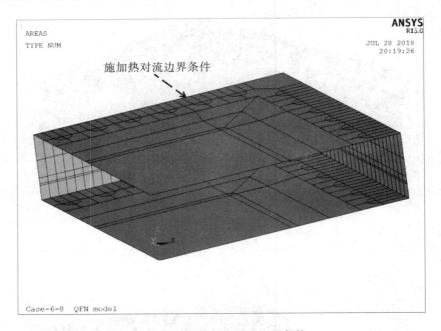

图 6-55 施加热对流边界条件

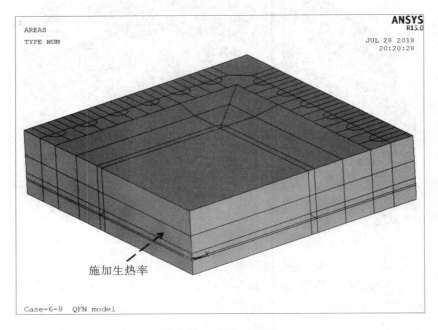

图 6-56 施加生热率

（4）热云图。求解后的热场，如图 6-57 所示。根据 6.4.3 节的介绍，首先观察热云图中的等温线都是连续的，保证几何建模本身没有错误。其次，再观察芯片的最高温为67.1℃（结温<125℃），在合理的温度区间内，并且通过另一视角可以发现，大部分热量都从铜衬底向外散出，如图 6-58 所示。

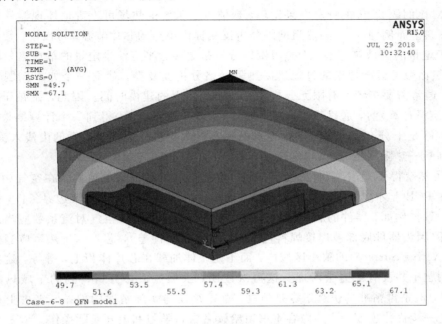

图 6-57 求解后的热云图（主视觉）

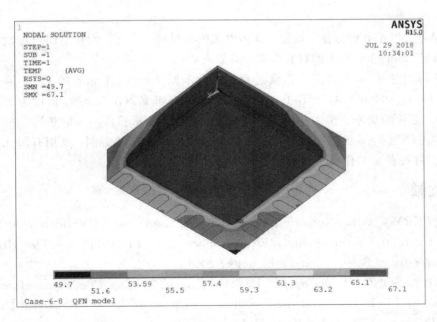

图 6-58 求解后的热云图（器件底部的主视觉）

（5）数值分析总结。

① 该器件的建模主要采用先建模划分二维投射平面，再用旋转、拉伸的方式获得三维模型，这样做的好处是三维模型的网格划分较规整，规则的六面体单元有利于将来的力场分析。

② 对比例题 5 - 1 的计算结果发现，数值方法求解的热场可直观地体现器件内部所有位置的温度，而例题 5 - 1 的热阻网络分析仅能提供单点的芯片节温，可以说，数值分析是更接近于定量的全域热分析，而热阻网络分析是更接近半定性半定量的单点热分析。

③ 然而数值分析建模的过程远比热阻网络分析要复杂，建立一个如本例题中的有限元模型，通常需要多年的有限元分析经验和一至两周的建模时间。因此，在展开一个热仿真工程（定量计算）前，通过热阻网络分析（半定性半定量计算）得到一个计算结果，对于热问题的判断是十分有益处的，这也是本书一直强调的热分析必须遵循的由浅入深的过程，即定性判断—热阻网络分析（半定性半定量）—数值分析（定量）。

④ 虽然获得了 QFN 器件的全域热场，但是器件毕竟不是单独暴露在空气中的，它只有贴装在 PCB 上才能开展工作。因此，本模型中的诸多表面上的对流边界条件，并不与实际情况一致。例如，器件的底部应该连接着 PCB，器件底部的空气对流系数应当远小于器件的顶部（因为器件底部被焊接焊料包裹着，空气流通性差），芯片的生热率应当加载在芯片正面（Active Surface）的狭小区域内，而不是整体加载在芯片体积上，等等，这些实际因素在本例题中并没有被完全考虑。这再次说明，虽然数值热分析得到的全域热场非常直观、好看，但是再精准的仿真毕竟是仿真，总是存在与实际情况的偏差。考虑上述的实际因素并进一步优化模型，这些内容本书留给读者自行学习和展开实际操作。

☞ 习题

1. 学习量纲推导的方法，以铝、硅和填充胶为材料，写出它们在不同单位制 kg－m－s－℃ 和 kg－mm－s－℃ 下的材料参数，类似表 6 - 4。

2. 学习例题 6 - 8 的 QFN 建模过程，现要求原 7 mm×7 mm 的 QFN 器件建立在 10 mm×10 mm×1 mm 的 PCB 上，器件表面与 PCB 都暴露在 3 m/s、温度为 25℃ 的平流层空气中，芯片的功率仍然为 0.5 W，试用数值分析方法求器件内部的热场。

3. 学习例题 6 - 8 的建模过程，以例题 5 - 2 的 BGA 器件为例，试用有限元方法求解该 BGA 器件在稳定工作状态时的内部热场。

☞ 参考文献

［1］ JEFFERY C C L. Numerical Prediction and Experimental Validation of Flip Chip Solder Joint Geometry for MEMS Applications. PHD Thesis, The Hong Kong University of Science and Technology, 2008.

［2］ FUBIN SONG. Experimental Investigation on Testing Conditions of Solder Ball Shear and Pull Tests and the Correlation with Board Level Mechanical Drop Test. PHD Thesis, The Hong Kong University of Science and Technology, 2007.

［3］ CHAORAN YANG. Characterization and Modeling of the Failure Mechanism of Copper-Tin（Cu-Sn）Intermetallic Compounds in Lead-free Solder Joints. PHD

Thesis，The Hong Kong University of Science and Technology，2015.

[4] YUEN SING. Investigation into Characteristics of Thermal Fatigue Modeling of Lead-free Solder Joints and Optimization of Temperature Cycling Profile. PHD Thesis，The Hong Kong University of Science and Technology. 2011.

6.5 微系统热机分析

热机（热力）耦合场中，温度（热）是"因"，热变形、热应力是"果"。当弹性体的温度有所改变时，它的每一部分由于温度的升高或降低而趋于膨胀或收缩，即人们常说的热胀冷缩现象。但是，由于弹性体所受的外在约束，以及各个部分之间的相互约束，这种膨胀或收缩并不能自由地发生，于是就产生了应力。通常这种膨胀或收缩的变形称为热变形，产生的应力称为热应力或变温应力[1]。电子元器件由多种材料构成，它们各自的热膨胀系数相差较大、无法匹配，这种热失配造成的热变形、热应力必然影响着元器件的质量和可靠性。

封装体的热变形又称热翘曲（Warpage），由于封装制成工艺中的高温造成的热翘曲会严重影响产品质量（Quality Control）。BGA 器件的热翘曲会造成边缘焊球的虚焊、冷焊等问题，严重影响焊球的成型形状并影响焊球的可靠性寿命[2]，如图 6-59 所示。QFN 器件同样也存在热翘曲，但是器件的尺寸通常较小，所以单个 QFN 器件的热翘曲问题比较轻微，较严重的多存在于 QFN 器件的 Map Molding 的制成工艺中[3]，如图 6-60 所示。QFP 器件由于"三明治"结构，在相同尺寸量级下，它的热翘曲问题不如 BGA、QFN 严重。

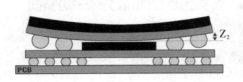
(a) 封装体叠层的热翘曲

(b) 热翘曲造成的虚焊

图 6-59　BGA 器件的热翘曲

图 6-60　QFN 器件的热翘曲（Warpage in Map Molding）

在微电子系统中，由于开关机、功率变化和环境温度变化等因素造成的温差，同样会产生反复的热变形。长期热载荷作用下产生的反复热应力会加速焊接材料的热疲劳，并直

接影响电子产品的可靠性寿命(Reliability Life)。BGA 器件的热疲劳失效(焊接球的裂纹)
如图 6-61 所示。QFN 器件的热疲劳失效(焊接引脚的裂纹)如图 6-62 所示。可见，热并
不仅仅是控制芯片结温，作为热机耦合场的载荷，它同时影响着电子产品的质量控制和可
靠性寿命。

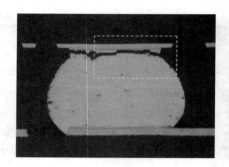 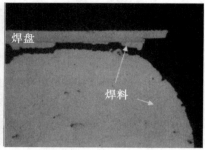

图 6-61　BGA 器件的热疲劳裂纹

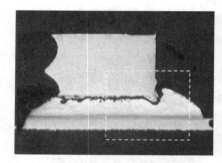 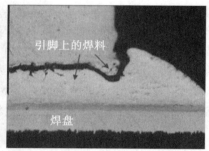

图 6-62　QFN 器件的热疲劳裂纹

　　热机耦合场的仿真是控制热变形、预估热疲劳寿命的有效方法。热机仿真的控制方程
源自"弹性力学"里的热-力学本构关系，它的简单表达如下：

$$\alpha \Delta T = \varepsilon_{热}$$ 　　　　　　　　(6-31)

其中，$\varepsilon_{热}$ 是热应变，α 是热膨胀系数。有限元中的热机耦合分析分为两类。第一类，直接
将温度作为均匀的热载，统一加载在力场模型的每一个单元或节点上，这样可求解在均一
热载荷下的变形场、应力场。这种热机分析的优点是简单、快速，无需热分析即可直接采
用力场单元完成建模与分析，缺点是物体均一热载荷的假设通常不成立，因为只有在稳态
条件下才可能近似使物体几何空间内所有温度都一样，所以这类分析只能适用于稳态；第
二类，首先建立热场模型，设定热源与边界条件，先求得热场，再将热场求解的结果(温
度)作为载荷加载至对应力场模型中的每个单元或节点上。这种热机分析的优点是热载荷
较为精确，可以用于瞬态分析，缺点是分析相对复杂、投入的计算成本较大。

　　针对不同的封装失效，封装的热机分析的复杂程度也不同，由于本书主要涉及热分析
的领域，热机分析就不全面展开了，仅以焊接球的疲劳寿命分析为例，介绍封装体的有限
元热机分析过程。

　　(1) 单位统一。材料的热机性能参数，如表 6-6 所示。在封装的热机耦合仿真中，同
样需要统一单位制，具体单位量纲的推导参考 6.4.1 节。

表6-6 常用电子封装材料的热机性能参数表 m-kg 单位制

材　料	杨氏模量 E/GPa	柏松比 ν	热膨胀系数 α/(ppm·℃$^{-1}$)
焊料（SAC305）	52.77～0.764T(℃)	0.36	20
硅	131	0.3	2.8
铜	117	0.35	17.7
PCB	20.9	0.39	18
银胶	2.7	0.3	70
铝合金	70	0.33	23.6

（2）建模过程。根据 6.4.2 节的介绍，这里利用 BGA 器件的中心对称特性，建立 1/8 模型。器件的建模过程类似例题 6-8，首先将焊接球、芯片和其他各部件都投影至二维平面，再拉伸获得整体三维模型，如图 6-63 所示。

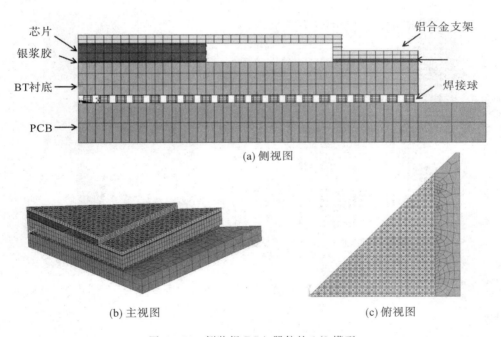

(a) 侧视图

(b) 主视图　　　　(c) 俯视图

图 6-63 倒装焊 BGA 器件的 1/8 模型

（3）边界条件与载荷。首先在模型的两个侧面添加对称边界条件，再在中心点约束位移以避免刚体变形，最后将温度曲线作为循环载荷添加至模型上，如图 6-64 所示。

（4）计算结果与后处理。求解后应当首先观察变形场，在实验条件允许的情况下用"阴影云纹法（Shadow Moire）"验证有限元仿真的正确性，接着再输出应变场、应力场，这里重点考察焊接球的应力分布，其等效应力场如图 6-65 所示。找到应力最大的焊球，输出它的应变结果或变形能，代入疲劳公式，可以获得焊接球的可靠性寿命。

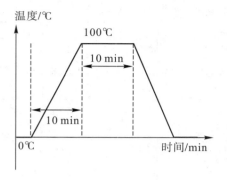

循环温度载荷如上图，将被加载
到模型上，其中最高温度为100℃，
最低温度为0℃，而模型的零应温
度（参考温度）为25℃

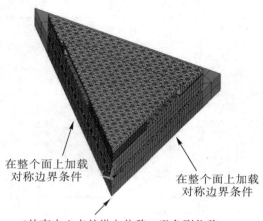

在整个面上加载
对称边界条件

在整个面上加载
对称边界条件

$u_z=0$约束中心点的纵向位移，避免刚位移

图 6-64　模型的边界条件与载荷

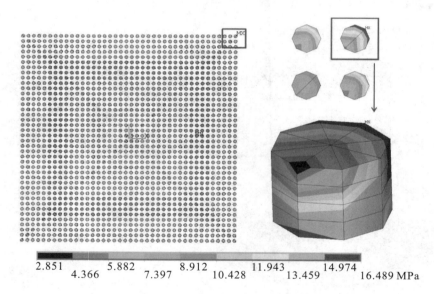

2.851　4.366　5.882　7.397　8.912　10.428　11.943　13.459　14.974　16.489 MPa

图 6-65　焊接球的等效应力分布

☞**习题**

1. 学习量纲推导的方法，将表 6-6 转化成在 kg－mm－s－℃下的材料参数。

2. 请读者以例题 6-8 的 QFN 模型为例，变更材料性能，展开一个热机分析，假设温度载荷为 100℃。

3. 请读者查阅文献，解释什么是"阴影云纹法（Shadow Moire）"，它检测热翘曲的原理是什么？

4. 请读者查阅文献，介绍目前封装可靠性工程常用的疲劳公式有哪些？这些疲劳公式的各自特点是什么？

☞**参考文献**

[1]　徐芝纶.弹性力学.3版.北京：高等教育出版社，1990.

[2]　FUBIN SONG. Experimental Investigation on Testing Conditions of Solder Ball Shear and Pull Tests and the Correlation with Board Level Mechanical Drop Test，PHD Thesis，The Hong Kong University of Science and Technology，2007.

[3]　ZHANG MINSHU. Investigation and Analysis on Moisture Related Failure in Quad Flat No－lead（QFN）Packages，PHD Thesis，The Hong Kong University of Science and Technology，2010.

第7章 热 实 验

7.1 材料热参数的测量方法

7.1.1 导热率(导热系数)的测量

导热系数的测量方法可以分为两大类：稳态法和瞬态法。在稳定导热系统下测定试样导热率的方法，称为稳态法；而在不稳定导热状态下测量试样导热率的方法称为非稳态法。稳态法测量的是单位面积上的热流速率和试样上的温度梯度；非稳态法则直接测量热扩散率，因此，在实验中要测定热扰动传播一定距离所需的时间，得到材料的密度和比热数据。本小节将介绍五种常用的导热系数测试方法：热流计法、防护热板法、圆管法、热线法和闪光法。

1. 热流计法

热流计法是一种基于一维稳态导热原理的测试方法，是测试试件的热阻与标准试件热阻的比值[1]。如图 7-1 所示，将厚度为 L 的样品放在两个温度恒定的热板和冷板之间，这样整个测试装置在热流传感器中心区域和试件中心区域建立了一个单向稳定热流密度。

用标准试验件测得的热流量为 Q_s，热阻为 R_s；测得的被测试样品热流量为 Q_u，热阻为 R_u，其比值为

$$\frac{R_u}{R_s} = \frac{Q_s}{Q_u} \quad (7-1)$$

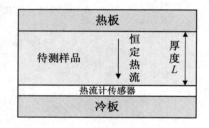

图 7-1 热流计法结构原理示意图

由式(7-1)可计算出 R_u，如果满足确定导热系数的条件，且被测样品厚度 L 已知，则可由式(7-2)计算出被测样品的导热系数 k。

$$k = \frac{L}{R_u} \quad (7-2)$$

热流计法适用于导热系数较小的固体材料、纤维材料和多孔隙材料，例如各种保温材料。在测试过程中存在横向热损失，会影响一维稳态导热模型的建立，扩大测定误差，故对于较大的、需要较高量程的样品，可以使用保护热流计法测定，与热流计法不同之处在于，它在周围包上绝热材料和保护层，从而保证了样品测试区域的一维热流，提高了测量精度和测试范围。

2. 防护热板法

防护热板法的工作原理和热流法相似，其测试方法是目前公认的准确度最高的，其实验装置多采用双试件结构[2]。如图 7-2 所示，在热板上下两侧各对称放置相同的样品和

冷板，主加热板周围环有辅助加热板，使辅助加热板与主加热板温度相同，以保证一维导热状态。当达到稳定传热状态后，测量出热流量$\dot{Q}$以及此热流量流过的计量面的面积A，即可确定热流密度q。待测样品两侧的温度差ΔT通过布置温度传感器测得，因此通过公式（7-3）可以计算得到热阻R：

$$R = \frac{A \Delta T}{Q} \tag{7-3}$$

待测样品的厚度为L，由式（7-2）可计算出待测样品的平均导热系数k。

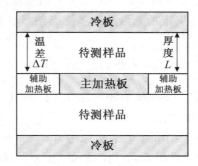

图 7-2　防护热板法结构原理示意图

3. 圆管法

圆管法是根据长圆筒壁一维导热原理直接测定单层或多层圆管绝热结构导热系数的一种方法。被测样品应该可以卷曲成管状，并能包裹于加热圆管外侧[3]。如图 7-3 所示，待测样品卷曲成圆管，为了减少由于端部热损失产生的非一维效应，常在测试段两端设置辅助加热器，使辅助加热器和主加热器的温度保持一致，这样可以保证在允许的范围内轴向温度梯度相对于径向温度梯度的大小，从而使测量段具有良好的一维温度场特性。根据傅里叶定律，在一维、径向、稳态导热的条件下，管状试样的结构导热系数可采用式（7-4）计算：

$$k = \frac{Q \ln(d_2/d_1)}{2\pi l (T_2 - T_1)} \tag{7-4}$$

式中：Q为通过试样的热量，单位为 W；d_2为试样外表面直径，单位为 m；d_1为试样内表面直径，单位为 m；T_2为试样外表面温度，单位为℃；T_1为试样内表面温度，单位为℃；l为试样的有效长度，单位为 m。

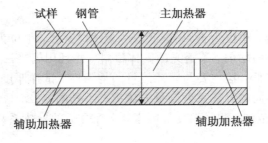

图 7-3　圆管法结构原理示意图

在测试的过程中应使得传热过程达到稳态，加热圆管的功率要求保持为恒定，待测样品内外表面的温度可由热电偶测出。圆管法适用于待测样品在管道上使用的情况，因为圆管法能够将待测样品在管道上的实际使用状况，如材料间的缝隙及材料的弯曲等因素都反映在测试结果中。

4. 热线法

热线法是在待测样品中插入一根热线，在热线上施加一个恒定的加热功率，使其温度上升。通过测量热线本身或平行于热线的一定距离上的温度随时间上升的关系，这一关系是由待测样品材料的导热性能决定的，因此，非稳态热线法测定导热系数可由下式计算得到：

$$k=\frac{I^2 R}{4\pi l}\times\frac{\ln(t_2/t_1)}{T_2-T_1} \qquad (7-5)$$

式中：I 为热线加热电流，单位为 A；R 为测定温度下热线 A、B 间的电阻，单位为 Ω；t_1、t_2 为从加热时起至测量时刻的时间，单位为 s；T_1、T_2 为 t_1 和 t_2 时刻热线的温升，单位为℃；l 为电压引出端 A、B 间热线的长度，单位为 m。

采用热线法，测量速度快、费用低，对样品尺寸要求不太严格，但分析误差较大。热线法不仅适用于干燥材料，还适用于含湿材料。该法适用于导热系数小于 2 W/(m·K) 的各向同性均质材料导热系数的测定。

5. 闪光法

闪光法是一种用于测量高导热材料与小体积固体材料的技术，这种测试方法具有精度高、测试周期短、温度范围宽等优点[4]。其测试原理如图 7-4 所示。在待测样品的正面施加一个具有一定脉冲宽度的激光，样品吸收脉冲能量后，用热电偶测试样品背面的温度变化曲线以及温升达到最大值的 1/2 的时间 $t_{1/2}$。样品的热扩散系数由下式计算得到：

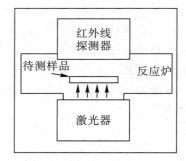

图 7-4　闪光法结构原理示意图

$$\alpha=\frac{0.1388L^2}{t_{1/2}} \qquad (7-6)$$

式中：α 为热扩散系数，单位为 m^2/s；L 为试样厚度，单位为 m；$t_{1/2}$ 为起始脉冲开始到试样背面温度升至最高时的一半的时间，单位为 s。

那么，导热系数可以由式(7-7)计算得到：

$$k=\alpha C_p \rho \qquad (7-7)$$

式中：C_p 为试样比热容，单位为 J/(kg·K)；ρ 为试样密度，单位为 kg/m^3。

闪光法只适用于各向均匀、不透光的固体材料，并且用闪光法测出的热扩散率会随脉冲激光能量的增加而降低，这主要与脉冲能量的均匀性、试样厚度和红外探测器响应的非线性有关。上述五种不同的导热系数测量方法都有不同的特点，应综合考虑待测样品的性质、形状、导热系数的范围、测量温度等因素，选择合适的导热系数测试方法。

7.1.2　比热容的测量

比热容是指单位质量物体温度升高 1 K 所需要的能量，单位为 J/(kg·K)。比热容的测量方法很多,如量热计法、撒克司法、斯密特法以及热分析测定法等。前几种测量方法由于无法保证材料在热容测量中严格的绝热要求,因此在实际操作时比较困难,而热分析测定法避免了这个缺点,因此得到了广泛的应用。这里简单介绍常用的两种热分析测定法:差热分析和差示扫描量热法[5]。

1. 差热分析(Differential Thermal Analysis,DTA)

差热分析是指在程序控制温度下,测量处于同一条件下样品和参比物之间的温度差与温度关系的一种技术。DTA 仪器的基本原理如图 7 - 5 所示,仪器由炉子、样品支持器(包括试样和参比物容器、温度敏感元件与支架等)、微伏放大器、温差检知器、炉温控制器、记录器以及炉子和样品支持器的气氛控制设备组成。处在加热炉内的试样和参比物在相同的条件下加热和冷却,试样和参比物之间的温度差由示差热电偶测定。

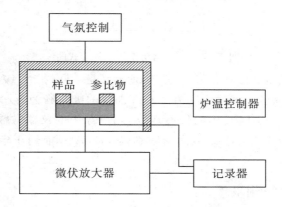

图 7 - 5 典型 DTA 仪器的基本原理图

虽然 DTA 技术有方便、快速、样品用量少、适用范围广等优点,但也有重复性差、分辨率不够高等缺点。DTA 测量的温差 ΔT 除了与样品热量变化有关外,还与体系的热阻有关,但是热阻本身并不是一个确定的值,而是与导热系数以及热辐射有关的量,因此热阻会依实验条件(如温度范围、坩埚材质、样品性质等)而改变。为了改善这种情况,20 世纪 60 年代初发展了一种新的热分析方法——差示扫描量热法(Differential Scanning Calorimetry,DSC)。

2. 差示扫描量热法(Differential Scanning Calorimetry,DSC)

差示扫描量热法是在程序控制温度下,测量输给物质和参比物的功率差与温度关系的一种技术。DSC 技术相较 DTA 而言,除增加了控温回路外,另外还增加了一个功率补偿回路,DSC 原理示意图如图 7 - 6 所示。在整个实验过程中,通过调整试样的加热功率 Q,使得样品与参比物的温度始终保持一致,即 $\Delta T \rightarrow 0$,这样试样和参比物对环境的热交换量完全相同,具有很好的定量性。

在 DSC 的平均温度控制回路中,样品、参比物支持器的铂电极温度计分别输出一个与其温度成正比的

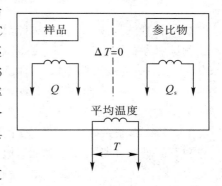

图 7 - 6 DSC 原理示意图

信号。两者信号经与程序温度给定信号相比较，经过放大来调节平均功率的大小以消除上述的比较偏差，以达到按程序等速升（降）温。此时，将程序温度控制器的信号作为横轴记录温度值。同样，将铂电极温度计的信号输入差示温度放大器，其差经放大后，调节样品、参比物支持器的补偿功率大小，并将补偿功率输入到相应的加热器上，消除输入的偏差信号，使两者温度始终保持相等。将与样品和参比物补偿功率之差成正比的差示温度放大器的信号进行记录，就得到了热流速率 dQ/dt。DSC 曲线如图 7-7 所示。

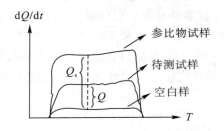

图 7-7 DSC 测定比热容的模式曲线

DTA 与 DSC 曲线虽然形状相似，但其物理意义是不同的。DTA 曲线的纵坐标表示温度差，而 DSC 曲线的纵坐标表示热流率；DTA 曲线的吸热峰为下凹形状，而 DSC 曲线的吸热峰为上凸形状；此外，DSC 中的仪器常数与 DTA 中的仪器常数性质不同，它不是温度的函数而是定值。DTA 与 DSC 最大的区别是，DTA 只能用于定性或半定量研究，而 DSC 可用于定量研究。

7.1.3 热膨胀系数的测量

物体的体积或者长度随温度的升高而增大的现象称为热膨胀，热膨胀系数是材料的主要物理性质之一，它是衡量材料热稳定性好坏的一个重要指标。目前测定无机非金属材料热膨胀系数常用的方法有千分表法、热机械法（光学法、电磁感应法）、示差法等。它们的共同特点是试样在加热炉中受热膨胀，通过顶杆将膨胀传递到检测系统，区别之处在于检测系统不同。例如，千分表法是用千分表直接测量试样的伸长量；光学热机械法是通过顶杆的伸长量来推动光学系统内的反射镜转动，经光学放大系统而使光点在影屏上移动来测定试样的伸长量；电磁感应热机械法是将顶杆的移动通过天平传递到差动变压器，变换成电信号，经放大转换，从而测量出试样的伸长量。根据试样的伸长量就可计算出线膨胀系数。

在所有测试方法中，示差法（或称"石英膨胀计法"）具有最广泛的实用意义。国内外示差法测试仪器很多，有工厂的定型产品，也有自制的石英膨胀计。由前面热膨胀系数定义 $\Delta l/l_0 = \alpha_1 \Delta t$（$\alpha_1$ 为线膨胀系数），体膨胀系数与线膨胀系数的大致关系为

$$\beta \approx 3\alpha_1 \tag{7-8}$$

示差法的测定原理（石英膨胀仪）是采用热稳定性良好的石英玻璃（棒和管），在较高的温度下，其线膨胀系数随温度改变的性质很小，当温度升高时，石英玻璃管与其中的待测试样和石英玻璃棒都会发生膨胀，但是待测试样的膨胀比石英玻璃管上同样长度部分的膨胀要大，因而使得与待测试样相接触的石英玻璃棒发生移动，这个移动是石英玻璃棒、石英玻璃管和待测试样三者同时伸长和部分抵消后在千分表上所显示的值，它包括试样与石

英玻璃管和石英玻璃棒的热膨胀之差值。测定出这个系统的伸长差值及加热前后温度的差值，并根据已知石英玻璃的膨胀系数，便可计算出待测试样的热膨胀系数。

本实验就是根据玻璃的膨胀系数（一般为 $60 \sim 100 \times 10^{-7} \, ℃^{-1}$）和石英的膨胀系数（一般为 $5.8 \times 10^{-7} \, ℃^{-1}$）有不同程度的膨胀差来进行测定的。如图 7-8 所示，因为 $\alpha_{玻璃} > \alpha_{石英}$，所以 $\Delta L_1 > \Delta L_2$。千分表的指示为 $\Delta L = \Delta L_1 - \Delta L_2$，玻璃的净伸长 $\Delta L_1 = \Delta L + \Delta L_2$，按定义，玻璃的膨胀系数为

$$\alpha = \frac{1}{L} \times \frac{\Delta L_1}{\Delta T} = \frac{1}{L} \times \frac{\Delta L + \Delta L_2}{T_2 - T_1}$$

$$= \frac{1}{L} \times \frac{\Delta L}{T_2 - T_1} + \frac{1}{L} \times \frac{\Delta L_2}{T_2 - T_1}$$

$$= \frac{1}{L} \times \frac{\Delta L}{T_2 - T_1} + \alpha_{石英} \tag{7-9}$$

式中：T_1 为开始测定时的温度；T_2 一般定为 300℃（需要时也可定为其他温度）；ΔL 为试样的伸长值，即对应于温度 T_2 与 T_1 时千分表读数之差值，以 mm 为单位；L 为试样的原始长度，单位也为 mm。从式(7-9)可以看出：对于材料的热膨胀系数小于石英的热膨胀系数的测定，如金属、无机非金属、有机材料等，都可用这种膨胀仪测定。

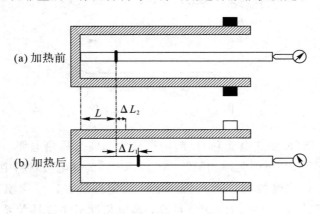

图 7-8 石英膨胀仪内部结及构热膨胀分析图

☞ 习题

请读者查阅文献，试讨论微电子制造的有机材料中，热参数表征在玻璃转化温度前后的不同。

☞ 参考文献

[1] GB/T 10295—2008，绝热材料稳态热阻及有关特性的测定热流计法.

[2] GB/T 10294—2008，绝热材料稳态热阻及有关特性的测定防护热板法.

[3] GB/T 10296—2008，绝热层稳态传热性质的测定圆管法.

[4] GB/T 22588—2008，闪光法测量热扩散系数或导热系数.

[5] 陈则韶，葛新石，顾毓沁. 量热技术和热物性测定. 合肥：中国科学技术大学，1990：55-61.

7.2　温度的测量方法

7.2.1　热电偶的单点温度测量

热电偶(Thermocouple)是温度测量仪表中常用的测温元件，它直接测量温度，并把温度信号转换成热电动势信号，通过电气仪表(二次仪表)转换成被测介质的温度。热电偶测量温度的基本原理是：两种不同成分的材质导体组成闭合回路，当两端存在温度梯度时，回路中就会有电流通过，此时两端之间就存在电动势-热电动势，这就是所谓的塞贝克效应(Seebeck Effect)，如图 7-9 所示。两种不同成分的均质导体为热电极，温度较高的一端为测量端，温度较低的一端为参比端，参比端通常处于某个恒定的温度下。根据热电动势与温度的函数关系，制成热电偶分度表。分度表是参比端温度在 0℃时的条件下得到的，不同的热电偶具有不同的分度表[1]。

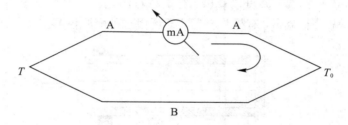

图 7-9　塞贝克效应示意图

镍铬-镍硅热电偶(K 型热电偶)是目前用量最大的廉金属热电偶，其用量为其他热电偶的总和。典型的 K 型热电偶元件如图 7-10 所示，因为热电极材料中含有大量的镍，所以在高温下抗氧化和抗腐蚀的能力很强，化学稳定性好，其使用温度范围为-200~1300℃。这种热电偶的热电势率大、灵敏度高，热电特性近于线性关系，适合在氧化性和中性介质中使用，在还原性气体中易被腐蚀。其分度表如表 7-1 所示。

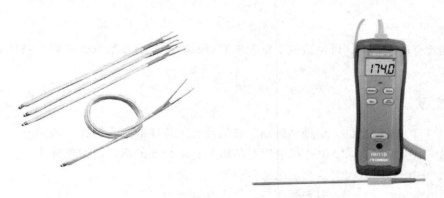

图 7-10　典型的 K 型热电偶及手持温度表

表 7-1 镍铬-镍硅热电偶分度表(分度号为 K,参比端温度为 0℃)

温度/℃	0	10	20	30	40	50	60	70	80	90
	热电动势/mV									
0	0.000	0.397	0.798	1.203	1.611	2.022	2.436	2.850	3.266	3.681
100	4.095	4.508	4.919	5.327	5.733	6.137	6.539	6.939	7.338	7.737
200	8.137	8.537	8.938	9.341	9.745	10.151	10.560	10.969	11.381	11.793
300	12.207	12.623	13.039	13.456	13.874	14.292	14.712	15.132	15.552	15.974
400	16.395	16.818	17.241	17.664	18.088	18.513	18.938	19.363	19.788	20.214
500	20.64	21.066	21.493	21.919	22.346	22.772	23.198	23.624	24.05	24.476
600	24.902	25.327	25.751	26.176	26.599	27.022	27.445	27.867	28.288	28.709
700	29.128	29.547	29.965	30.383	30.799	31.214	31.629	32.042	32.455	32.866
800	33.277	33.686	34.095	34.502	34.909	35.314	35.718	36.121	36.524	36.925
900	37.325	37.724	38.122	38.519	38.915	39.310	39.703	40.096	40.488	40.879
1000	41.269	41.657	42.045	42.432	42.817	43.202	43.585	43.968	44.349	44.729

7.2.2 红外测温仪的表面温度测量

红外测温仪是利用红外探测器、光学成像物镜和光机扫描系统(先进的焦平面技术则省去了光机扫描系统)接收被测目标的红外辐射能量分布图反映到红外探测器的光敏元上,在光学系统和红外探测器之间,有一个光机扫描机构(焦平面热像仪无此机构)对被测物体的红外热像进行扫描,并聚焦在单元或分光探测器上,由探测器将红外辐射能转换成电信号,经放大处理、转换或标准视频信号通过电视屏或监测器显示红外热像图。这种热像图与物体表面的热分布场相对应,实质上是被测目标物体各部分红外辐射的热像分布图。由于信号非常弱,与可见光图像相比,红外测温热像图缺少层次和立体感,因此,在实际动作过程中为更有效地判断被测目标的红外热分布场,常采用一些辅助措施来增加仪器的实用功能,如图像亮度和对比度的控制、实标校正、伪色彩描绘等技术。

【例题 7-1】 试采用热电偶测温、红外测温的方式,实测某显卡的温度分布情况,并与软件评测的结果相比对。

解 显卡测温的实况如图 7-11 所示,主要采用三种方式:① 软件评测;② 热电偶测温;③ 红外测温。主要测试三种工况:① 开机前;② 待机状态;③ 满负荷状态。GPU 芯片温度评测软件为"FurMark",它的检测结果如图 7-12 所示。红外测温的区域与热电偶的检测点如图 7-13 所示,其中热电偶单独黏结在显卡后背的散热翅片上,而"Sp1""Sp2""Sp3"分别指红外测温仪的三个独立标定的监测点,这三个点的温度值在后续热像图中显示,如图 7-14 至图 7-16 所示。将三种检测方法的测温结果汇总至表 7-2,并对比热像图,可以发现:

• 热电偶、红外测温仪仅能测量表面温度，无法直接测得内部的温度；

• FurMark 等芯片测温软件虽然能够给予芯片温度的评估参考，但是它的测温原理并不是基于纯物理测量的方式；

• 虽然评估封装体内的芯片温度需采用热阻计算或有限元计算，但实际测量的封装体外部表面温度仍然可以作为热阻计算或有限元计算的验证，具有良好的实际参考意义。

图 7 - 11 显卡测温的实况示意图

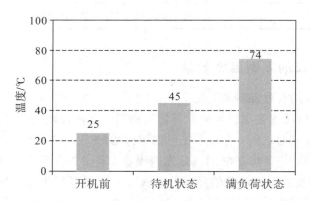

图 7 - 12 "FurMark"软件测得的 GPU 芯片温度

图 7 - 13 红外测温的区域与热电偶的检测点

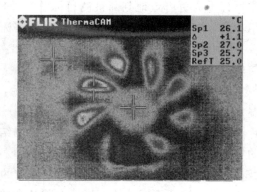

图 7 - 14 开机前的热像图

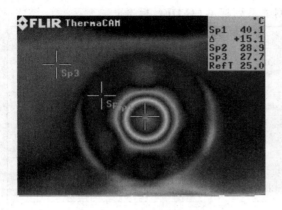 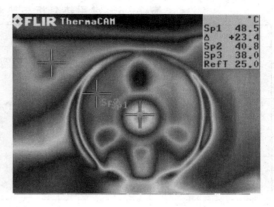

图 7-15 待机状态的热像图   图 7-16 满负荷状态的热像图

表 7-2 常用电子封装材料的热机性能参数表(m-kg 单位制)

位　置	开机前	待机状态	满负荷状态
芯片(FurMark)	25℃	45℃	74℃
散热翅片(热电偶)	24.7℃	28.9℃	54.3℃
Sp1(红外测温)	26.1℃	40.1℃	48.5℃
Sp2(红外测温)	27.0℃	28.9℃	40.8℃
Sp3(红外测温)	25.7℃	27.7℃	38.0℃

☞ **习题**

请读者学习例题 7-1 的方法,测量 CPU 的开机前、待机状态、满负荷状态下的温度分布。

☞ **参考文献**

[1] 郑正泉,姚贵喜,马芳梅,等. 热能与动力工程测试技术. 武汉:华中科技大学出版社,2001.

7.3 热阻的测量方法

通过第 5 章的热阻计算、第 6 章的数值方法,热工程师可以在封装热设计阶段评估该封装体的热阻,并以此来判断该散热解决方案的合理性。然而在实际应用中,只有在确定的测量条件下测得的结-气热阻才有意义。所以,封装行业为测量与封装器件相关的热阻设定了一系列标准,即 JEDEC-JESD51 系列,如表 7-3 所示。这一系列测试标准的主要功能就是用统一、规范的手段描述封装中芯片由里至外的传热性能。

表 7-3　常用热分析与热测试系列标准(JEDEC 标准)

标准编号	标准名称	中文备注
JEDEC Standard JESD51	Methodology for the thermal measurement of component packages	元器件封装热测试方法
JEDEC Standard JESD51-1	Integrated circuit thermal measurement method-electrical test method (single semiconductor device)	集成电路热测试方法：电气测试方法(单结半导体器件)
JEDEC Standard JESD51-2	Integrated circuit thermal test method environment conditions-natural convection (still air)	集成电路热测试方法环境条件：自然对流(静止空气)
JEDEC Standard JESD51-3	Low effective thermal conductivity test board for leaded surface mount packages	用于带引脚表面贴装的低效导热率测试板
JEDEC Standard JESD51-4	Thermal test chip guideline (wire bond type chip) contents	热测试芯片指南(引线键合型芯片)
JEDEC Standard JESD51-5	Extension of thermal test board standards for packages with direct thermal attachment mechanisms	用于直接热贴附机制封装的热测试板标准扩展
JEDEC Standard JESD51-6	Integrated circuit thermal test method environmental conditions-forced convection (moving air)	集成电路热测试方法环境条件：强制对流(流动空气)
JEDEC Standard JESD51-7	High effective thermal conductivity test board for leaded surface mount packages	带引脚表面贴装测试板的高效导热率测试方法
JEDEC Standard JESD51-8	Integrated circuit thermal test method environmental conditions-junction-to-board	集成电路热测试方法环境条件：结点至板
JEDEC Standard JESD51-9	Test boards for area array surface mount package thermal measurements	面阵列表面贴装测试板的热测量方法
JEDEC Standard JESD51-10	Test boards for through-hole perimeter leaded package thermal measurements	通过四周引脚封装测试板的热测量方法
JEDEC Standard JESD51-11	Test boards for through-hole area array leaded package thermal measurements	通过面阵列引脚封装测试板的热测量方法

　　本书以 JESD51-2 标准为例，介绍半导体行业中测试自然对流情况下的封装体的结-气热阻，其余的标准请读者自行查阅文献。该标准中指出，如果芯片的尺寸≤27 mm，那么需安装在 76.2 mm×114.3 mm 的测试板上进行热阻测试，如果芯片的尺寸为 27~54 mm，那么需安装在 101.6 mm×114.3 mm 的测试板上进行热阻测试。其中，测试板厚度约为 1.6 mm，根据被测试封装体的类别不同，可以选择低导热率的或者高导热率的板子。例如，低导热率板：1s0p 指 1 个信号层，没有接地层和功率层；高导热率板：2s2p 指 2 个信号层，1 个接地层和 1 个功率层。被测试物体需安装在板子前端 76.2 mm×76.2 mm

的中心处或 101.6 mm×101.6 mm 的中心处。此
外,被测试物体和测试板需水平安装在竖直墙面上,
整个装置用一个 305 mm×305 mm×305 mm 的立方
体外壳包围着,如图 7-17 所示。该外壳的材料多
为聚碳酸酯、木头、硬纸板和其他低导热材料,以保
证壳体内部与外部的隔热。周围空气温度 T_a 由热电
偶测得,结温 T_j 通过热敏变量的变化测得,热功率
Q 通过测量设备运行中的电流和电压来计算,那么
结-气热阻 R_{ja} 可以由 $R_{ja} = \dfrac{T_j - T_a}{Q}$ 计算得到。实际测
试中,还有很多标准的细节这里就不一一展开了,有
兴趣的读者可以查阅 JESD51 系列标准[1]。

图 7-17　测试结-气热阻的示意图
（自然对流）

　　需要补充介绍的是,JEDEC(Joint Electron
Device Engineering Council,即电子器件工程联合会)是微电子产业的领导标准机构,在过
去几十年的时间里,JEDEC 所制定的标准为全行业所接受和采纳。JEDEC 的主要功能包
括术语、定义、产品特征描述与操作、测试方法、生产支持功能、产品质量与可靠性、机械
外形、固态存储器、DRAM、闪存卡和模块以及射频识别(RFID)标签等的确定与标准化。
此外,JEDEC 还与 IPC、EIA、IEC 以及 JEITA 等其他标准组织进行协调、沟通并共同制
定行业标准,它们都是封装业界最常用的权威标准,部分标准的 Logo 如图 7-18 所示。

图 7-18　封装行业的权威标准机构

☞ **讨论**

　　请读者查阅文献,查找与热相关的 IPC 标准、ISO 标准、ASTM 标准、IEC 标准、MIL
标准以及国标。这些标准中,哪些是检测热材料参数的? 哪些是测量温度的? 哪些是测量
热阻的? 哪些是评判热失效、热机失效、热湿失效的?

☞ **参考文献**

[1]　JEDEC STANDARD. Methodology for the Thermal Measurement of Component
　　　Packages,JESD51 Series.

第8章　非稳态导热

非稳态导热是指温度场随时间变化的导热过程。许多工程实际问题需要确定物体内部的温度场随时间的变化，或确定其内部温度到达某一限定值所需的时间，如动力机械的启动、停机、变工况运行，热加工、热处理过程等。

8.1　非稳态导热概述

根据温度场随时间的变化规律不同，非稳态导热分为周期性非稳态导热和非周期性非稳态导热。周期性非稳态导热是在周期性变化边界条件下发生的导热过程，如内燃机气缸的气体温度随热力循环发生周期性变化，气缸壁的导热就是周期性非稳态导热。非周期性非稳态导热通常是在瞬间变化的边界条件下发生的导热过程，例如热处理工件的加热或冷却等，一般物体的温度随时间的推移逐渐趋近于恒定值。本书仅讨论非周期性非稳态导热，有关周期性非稳态导热的内容可参阅文献[1]和[2]。

为了更清楚地了解非稳态导热过程中物体内各处温度变化的基本趋势，以一块初始温度均匀的平壁在边界条件突然变化时的导热情况为例来进行分析。平壁的初始温度为 T_0，过程开始，其左侧表面温度突然升高到 T_1 并维持不变，如图 8-1(a) 所示，其右侧与温度为 T_0 的空气接触。在左侧温度变化后，平壁内的温度也逐渐升高，最后趋于稳定，若物体的导热系数为常数，则稳定后的温度分布如图 8-1(d) 所示。虽然稳定后平壁的温度分布是直线，但平壁温度在升高的过程中，温度分布并不是直线，而是超越曲线，如在 $t=t_2$ 时刻平壁的温度分布是图 8-1(b) 所示的曲线，图中 CD 区间的温度还是初始温度没有改变，而 AC 区间的温度已经升高了。这里 A、B、C、D 是平壁厚度方向的几个等分截面，这几个截面的温度和通过它们的热流量随时间的变化可以用图 8-2 定性表示。

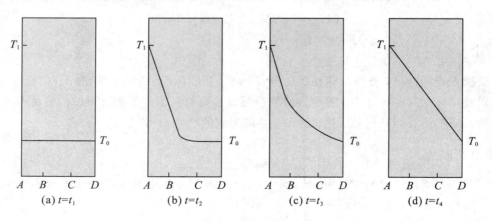

(a) $t=t_1$　　　(b) $t=t_2$　　　(c) $t=t_3$　　　(d) $t=t_4$

图 8-1　非稳态导热的不同时刻物体的温度分布

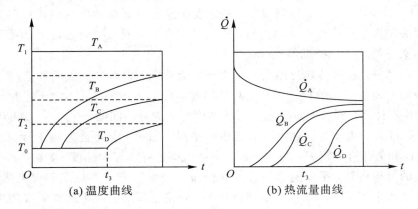

(a) 温度曲线　　　　　　　(b) 热流量曲线

图 8-2　A、B、C、D 四个截面的温度和通过的热流量随时间的变化曲线

图 8-2(a)是各截面温度随时间的变化。可以看出，截面 B 的温度较截面 A 的温度要延迟一段时间才开始升高，截面 C 和截面 D 的温度又分别要更延迟一段时间才开始升高。图 8-2(b)是通过各截面的热流量随时间的变化。通过截面 A 的热流量是从最高值不断减小，而对其他各截面，在温度开始升高之前通过此截面的热流量是零，温度开始升高之后，热流量才开始增加。这说明温度变化要积聚或消耗热量，垂直于热流方向的不同截面上的热流量是不同的。但随着过程的进行，差别越来越小，当达到稳态后，通过各截面的热流量就相等了。图 8-2(b)每两条曲线之间的面积代表在升温过程中两个截面之间所积聚的能量。从图 8-1 和图 8-2 可以看出，在 $t=t_3$ 时刻之前的阶段，物体内的温度分布受初始温度分布的影响较大，此阶段称为非稳态导热过程的初始状况阶段，也称为非正规状况阶段。在 $t=t_3$ 时刻之后的阶段，初始温度分布的影响已经消失，物体内的温度分布主要受边界条件的影响，这一阶段称为非稳态导热过程的正规状况阶段。

当非稳态导热时，若物体所处的边界条件是对流边界条件，则分析时存在两个热阻，一个是边界对流热阻，另一个是物体内部的导热热阻。设有一块厚度为 $2L$ 的大平壁，导热系数为 k，初始温度为 T_0，突然将它置于温度为 T_∞ 的流体中冷却，表面传热系数为 h。考虑面积热阻时，物体内部导热热阻为 L/k，边界对流热阻为 $1/h$。这两个热阻的相对值会有三种不同的情况：① $1/h \ll L/k$；② $1/h \gg L/k$；③ $1/h$ 与 L/k 量级相同。对应的非稳态温度场在平板中会有以下三种情况，如图 8-3 所示。

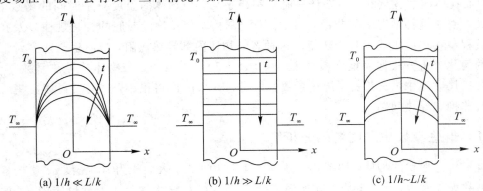

(a) $1/h \ll L/k$　　　　(b) $1/h \gg L/k$　　　　(c) $1/h \sim L/k$

图 8-3　不同情况下的非稳态温度场

（1）$1/h \ll L/k$，这时对流热阻很小，平壁表面温度一开始就和流体温度基本相同，传热热阻主要表现为平壁内部的导热热阻，故内部存在温度梯度，随着时间的推移，平壁的总体温度逐渐降低，如图 8-3(a)所示。

（2）$1/h \gg L/k$，这时传热热阻主要是边界对流热阻，因而平壁表面和流体存在明显的温差。这一温差随着时间的推移和平壁总体温度的降低而逐渐减小，由于这时导热热阻很小，可以忽略不计，故同一时刻平壁内部的温度可认为是相同的，如图 8-3(b)所示。

（3）$1/h \sim L/k$，由于导热热阻和对流热阻是同一量级，都不能忽略不计。因而，一方面，平壁表面和流体存在温差；另一方面，平壁内部也存在温度梯度，如图 8-3(c)所示。

由上面的分析可知，平壁的非稳态温度分布完全取决于导热热阻和对流热阻的比值，我们用一特征数来表示这一比值。所谓特征数，它是表征某一类物理现象或物理过程特征的无量纲数，又叫准则数。将毕渥数 Bi 定义为导热热阻和对流热阻的比值：

$$\mathrm{Bi} = \frac{L/k}{1/h} = \frac{Lh}{k} \qquad (8-1)$$

式中，δ 为特征长度。这里的特征长度定义为平板厚度的一半。由毕渥数的定义可知，在上面第二种情况下，即当 Bi 很小时，同一时刻平壁内部的温度分布近似均匀，这时求解非稳态导热问题变得相当简单，温度分布只与时间有关，与空间位置无关。这就是集总参数法的基本思想。

☞ **讨论**

试讨论 Bi 数的物理意义。Bi→0 及 Bi→∞各代表什么换热条件？

☞ **参考文献**

［1］ 杨世铭，陶文铨．传热学．4 版．北京：高等教育出版社，2006.
［2］ 许国良，王晓墨，邬田华，等．工程传热学．北京：中国电力出版社，2005.

8.2　非稳态导热的集总参数法

根据上一节的讨论，当 Bi 数很小时，物体内部的导热热阻远小于其表面的对流换热热阻，因而物体内部各点的温度在任一时刻都趋于均匀，物体的温度只是时间的函数，与坐标无关。对于这种情况下的非稳态导热问题，只需求出温度随时间的变化规律以及在温度变化过程中物体放出或吸收的热量。这种忽略物体内部导热热阻，把质量与热容量汇总到一点的简化分析方法称为集总参数法。由式（8-1）可以看出，当物体的导热系数相当大，或者几何尺寸很小，或者表面传热系数极低时，Bi 数的值将很小，这时可以使用集总参数法求解非稳态导热问题。

8.2.1　集总参数法温度场的分析解

有一任意形状的物体，如图 8-4 所示，其体积为 V，表面积为 A，密度 ρ、比热容 C 及导热系数 k 为常数，无内热源，初始温度为 T_0。突然将该物体放入温度恒定为 T_∞ 的流体中，物体表面和流体之间对流换热的表面传热系数 h 为常数，我们需要确定该物体在冷却过程中温度随时间的变化规律以及放出的热量。普通情况下这是一个多维的非稳态导热问题，现假定此问题可以用集总参数法进行分析。

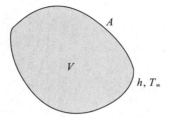

图 8-4　集总参数法示意图

由能量守恒可知，单位时间物体热力学能的变化量应该等于物体表面与流体之间的对流换热量，即

$$V_\rho C \frac{\mathrm{d}T}{\mathrm{d}t} = -hA(T-T_\infty)$$

引入过余温度 $\theta = T - T_\infty$，上式变为

$$\rho CV \frac{\mathrm{d}\theta}{\mathrm{d}t} = -hA\theta \qquad (8-2)$$

由初始温度为 T_0 可得出初始条件为

$$\theta(0) = T - T_\infty = \theta_0$$

对式(8-2)分离变量有

$$\frac{\mathrm{d}\theta}{\theta} = -\frac{hA}{\rho CV}\mathrm{d}t$$

上式两边积分得

$$\int_{\theta_0}^{\theta} \frac{\mathrm{d}\theta}{\theta} = -\int_0^t \frac{hA}{\rho CV}\mathrm{d}t$$

得出其解为

$$\ln \frac{\theta}{\theta_0} = -\frac{hA}{\rho CV}t$$

或

$$\frac{\theta}{\theta_0} = \exp\left(-\frac{hA}{\rho CV}t\right) \qquad (8-3)$$

式中指数部分可进行如下变换：

$$-\frac{hA}{\rho CV}t = -\frac{hV}{kA} \cdot \frac{kA^2}{\rho CV^2}t = \frac{-h\left(\frac{V}{A}\right)}{k} \cdot \frac{at}{\left(\frac{V}{A}\right)^2} = -\mathrm{Bi}_V\,\mathrm{Fo}_V$$

其中 V/A 具有长度量纲，可作为特征长度，记为 l；hl/λ 为毕渥数 Bi_V，at/l^2 是另一无量纲量，称为傅里叶数，记为 Fo_V；下标 V 表示特征长度为 V/A。这样，整个指数是无量纲的，它是两个特征数的乘积。由集总参数法得出的物体温度随时间的变化关系为

$$\frac{\theta}{\theta_0} = \frac{T-T_\infty}{T_0-T_\infty} = \exp(-\mathrm{Bi}_V\,\mathrm{Fo}_V) \qquad (8-4)$$

式(8-4)表明，物体的过余温度 θ 按负指数规律变化，在过程的开始阶段，θ 变化很快，这

是由于开始阶段物体和流体之间的温差大，传热速度快。随着温差的减小，变化的速度也就越来越缓慢，如图 8-5(a)所示。

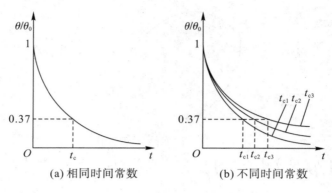

(a) 相同时间常数　　　　　　　　(b) 不同时间常数

图 8-5　过余温度随时间的变化

由式(8-3)的指数部分可以看出，$\dfrac{hA}{\rho CV}$ 与 $\dfrac{1}{t}$ 的量纲相同，当 $t=\dfrac{hA}{\rho CV}$ 时，由式(8-3)可得

$$\frac{\theta}{\theta_0}=\frac{T-T_\infty}{T_0-T_\infty}=\mathrm{e}^{-1}=36.8\%$$

因而

$$t_c=\frac{\rho CV}{hA} \tag{8-5}$$

时间常数记为 t_c。这样，当 $t=t_c$ 时，物体的过余温度为初始过余温度的 36.8%。时间常数越小，物体的温度变化就越快，物体也就越迅速地接近周围流体的温度，如图 8-5(b)所示。这说明，时间常数反映物体对周围环境温度变化响应的快慢，时间常数小的响应快，时间常数大的响应慢。

由时间常数的定义可知，影响时间常数大小的主要因素是物体的热容量 ρCV 和物体表面的对流换热条件 hA。物体的热容量越小，表面的对流换热越强，物体的时间常数越小。时间常数反映了两种影响的综合效果。利用热电偶测量流体温度，总是希望热电偶的时间常数越小越好，因为时间常数越小，热电偶越能迅速地反映被测流体的温度变化。所以，热电偶端部的接点总是做得很小，用其测量流体温度时，也总是设法强化热电偶端部的对流换热。

如果几种不同形状的物体都是用同一种材料制作，并且和周围流体之间的表面传热系数也都相同，都满足使用集总参数法的条件，则由式(8-5)可以看出，单位体积的表面面积越大的物体，时间常数越小，在初始温度相同的情况下放在温度相同的流体中被冷却(或加热)的速度越快。例如，在体积一定和其他条件相同时，所有形状中圆球的表面积最小，因而圆球的时间常数最大，冷却(或加热)速度最慢。而做成其他形状，如柱体或长方体，则可使时间常数变小，冷却(或加热)速度加快。确定物体温度随时间的变化规律之后，就可以计算物体和周围环境之间交换的热量。在 t 时刻，表面热流量为

$$\dot{Q}=hA(T-T_\infty)$$

由式(8-4)可得

$$\dot{Q}=hA(T-T_\infty)\exp(-\mathrm{Bi}_V\cdot\mathrm{Fo}_V) \tag{8-6}$$

从 $t=0$ 到 t 时刻所传递的总热量为

$$Q=\int_0^t\dot{Q}\mathrm{d}t=(T_0-T_\infty)\int_0^t hA\exp\left(-\frac{hA}{\rho CV}t\right)\mathrm{d}t$$

$$=(T_0-T_\infty)\rho CV\left[1-\exp\left(-\frac{hA}{\rho CV}t\right)\mathrm{d}t\right]$$

$$=\rho CV\theta_0\left(1-\frac{\theta}{\theta_0}\right)=\rho CV\theta_0(1-\mathrm{e}^{-\mathrm{Bi}_V\mathrm{Fo}_V})$$

令 $Q_0=\rho CV\theta_0$，表示物体温度从 T_0 变化到周围流体温度 T_∞ 所放出或吸收的总热量，则从 $t=0$ 到 t 时刻所传递的总热量为

$$Q=Q_0(1-\mathrm{e}^{-\mathrm{Bi}_V\cdot\mathrm{Fo}_V}) \tag{8-7}$$

上面的分析不管对物体冷却还是加热都适用。式(8-6)或式(8-7)中 Q 和 $\dot{Q}$ 为正值，表示物体是被冷却的，为负值表示物体是被加热的。

8.2.2　集总参数法的适用范围

上节的讨论中指出，Bi 数是物体内部的导热热阻和表面对流热阻之比，即内外热阻之比；Bi 数越小，表明内部导热热阻越小或外部热阻越大，从而内部温度就越均匀，集总参数法的误差就越小。对于平板、圆柱与球中的一维非稳态第三类边界条件下的导热问题，当按特征长度：

- $l=L$，厚度为 $2L$ 的平板
- $l=R$，圆柱
- $l=R$，球

定义的 Bi 数满足：

$$\mathrm{Bi}=\frac{hl}{k}\leqslant 0.1 \tag{8-8}$$

时，物体中最大与最小的过余温度之差小于 5%。对于一般的工程计算，此时已经可以足够精确地认为整个物体温度均匀。按照这样的要求，当 $l_c=V/A$ 时，相对应的圆柱与球分别是半径的 $1/2$ 与 $1/3$，所以取 l_c 作为 Bi 数的特征长度时，应该分别小于 0.1(平板)、0.05(圆柱)和 0.033(球)。

但是，考虑到对流传热表面传热系数计算中 $20\%\sim25\%$ 的误差是很正常的，同时零维问题的分析方法简单，对许多工程问题都可以得出有用的结果，并且对于形状复杂的问题还无法得出分析解，因此对某些情形也不妨将集中参数法的适用条件放宽到

$$\mathrm{Bi}=\frac{hl_c}{k}\leqslant 0.1$$

对于球，此时最大与最小的过余温度也相差约 13%，对于圆柱，相差约 9%。当计算精度要求不是很高时，这样的结果也是可以接受的。这一情况说明，分析工程问题时要根据问题的实际条件、便于获得分析方法等情况灵活处理。

☞ 讨论

试讨论在用热电偶测定气流的非稳态温度场时，怎样才能改善热电偶的温度响应特性。

8.3 一维非稳态导热的分析解

本节介绍平板的一维非稳态导热温度场的分析解。一维是指对于平板，温度仅沿厚度方向变化，其中假定导热物体的热物性均为常数。

8.3.1 平板导热

设有一大平壁，厚度为 $2L$，有均匀的初始温度 T_0；现突然将其置于温度为 T_∞ 的流体中，平壁与流体间的表面传热系数 h 为常数，如图 8-6 所示。平板两边对称受热，板内的温度分布必以其中心截面为对称面，因此我们可以只研究厚度为 L 的半块板的情况，再将其对称即可得到整块板的温度分布。对于 $x \geqslant 0$ 的半块板，其微分方程及定解条件为

$$\frac{\partial T}{\partial t} = a \frac{\partial^2 T}{\partial x^2} \quad (0 < x < L, \ t > 0) \tag{8-9}$$

$$T(x,0) = T_0 \quad (0 \leqslant x \leqslant L) \tag{8-10}$$

因平板两侧沿着纵坐标轴对称，由对称性要求可得

$$\frac{\partial T(x,t)}{\partial x}\Big|_{x=0} = 0 \tag{8-11}$$

$$h[T(L,t) - T_\infty] = -k \frac{\partial T(x,t)}{\partial x}\Big|_{x=L} \tag{8-12}$$

引入过余温度：

$$\theta = T(x,t) - T_\infty$$

则式(8-9)~式(8-12)变为

$$\frac{\partial \theta}{\partial t} = a \frac{\partial^2 \theta}{\partial x^2} (0 < x < L, t > 0) \tag{8-13}$$

$$\theta(x,0) = \theta_0 (0 \leqslant x \leqslant L) \tag{8-14}$$

$$\frac{\partial \theta(x,t)}{\partial x}\Big|_{x=0} = 0 \tag{8-15}$$

$$h\theta(L,t) = -k \frac{\partial \theta(x,t)}{\partial x}\Big|_{x=L} \tag{8-16}$$

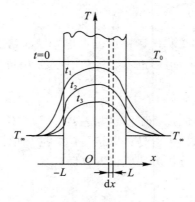

图 8-6　第三类边界条件下大平壁的一维非稳态导热

下面采用分离变量法求解一维非稳态导热问题。设

$$\theta(x,t) = X(x) \cdot \Gamma(t) \qquad (8-17)$$

其中 X 为距离 x 的函数，Γ 为时间 t 的函数。

　　将上式代入式(8-13)得

$$X\frac{\mathrm{d}\Gamma}{\mathrm{d}t} = a\Gamma\frac{\mathrm{d}^2 X}{\mathrm{d}x^2} \qquad (8-18)$$

上式左右两侧均除以 $Xa\Gamma$ 得

$$\frac{1}{a\Gamma}\frac{\mathrm{d}\Gamma}{\mathrm{d}t} = \frac{1}{X}\frac{\mathrm{d}^2 X}{\mathrm{d}x^2} \qquad (8-19)$$

上式两边分别为时间 t 和坐标 x 的函数，只有两边都恒等于同一常数时等式才能成立，因而有

$$\frac{1}{a\Gamma}\frac{\mathrm{d}\Gamma}{\mathrm{d}t} = D \qquad (8-20)$$

$$\frac{1}{X}\frac{\mathrm{d}^2 X}{\mathrm{d}x^2} = D \qquad (8-21)$$

对式(8-20)进行积分得

$$\ln\Gamma = aDt + c$$

$$\Gamma = c_1 \mathrm{e}^{aDt}$$

由于 $\tau \rightarrow \infty$ 时，Γ 必须有限，故 $D<0$；另 $D = -\beta^2$，式(8-20)和式(8-21)成为

$$\frac{\mathrm{d}\Gamma}{\mathrm{d}t} = -a\beta^2\Gamma \qquad (8-22)$$

$$\frac{\mathrm{d}^2 X}{\mathrm{d}x^2} = -\beta^2 X \qquad (8-23)$$

上面两式的通解为

$$\Gamma = c_1 \mathrm{e}^{-a\beta^2 t}$$

$$X = c_2\cos\beta x + c_3\sin\beta x$$

因而得

$$\theta(x,t) = \mathrm{e}^{-a\beta^2 t}(A\cos\beta x + B\sin\beta x) \qquad (8-24)$$

式中，$A = c_1 c_2$，$B = c_1 c_3$；由边界条件式(8-15)得

$$\frac{\partial\theta(0,t)}{\partial x} = \mathrm{e}^{-a\beta^2 t}[\beta(-A\sin0 + B\cos0)] = 0$$

由上式得到 $B = 0$，故式(8-24)成为

$$\theta(x,t) = \mathrm{e}^{-a\beta^2 t}(A\cos\beta x + 0) = A\mathrm{e}^{-a\beta^2 t}\cos\beta x$$

由边界条件式(8-16)得

$$hA\mathrm{e}^{-a\beta^2 t}\cos\beta L = -kA\mathrm{e}^{-a\beta^2 t}(-\beta\sin\beta L)$$

从而

$$\tan\beta L = \frac{\mathrm{Bi}}{\beta L} \qquad (8-25)$$

由此可以解出 βL，但有无穷多个解，称为特征值，分别为 $\beta_1 L$，$\beta_2 L$，$\cdots$，$\beta_n L$，它们对应无穷多个特解：

$$\theta_1(x,t) = A_1 \mathrm{e}^{-a\beta_1^2 t}\cos\beta_1 x$$

$$\theta_2(x,t) = A_2 \mathrm{e}^{-a\beta_2^2 t} \cos\beta_2 x$$

$$\cdots\cdots$$

$$\theta_n(x,t) = A_n \mathrm{e}^{-a\beta_n^2 t} \cos\beta_n x$$

通解为所有特解之和:

$$\theta(x,t) = \sum_{n=1}^{\infty} A_n \mathrm{e}^{-a\beta_n^2 t} \cos\beta_n x$$

由初始条件可得

$$\theta_0 = \sum_{n=1}^{\infty} A_n \cos\beta_n x$$

上式两边乘以 $\cos\beta_m x$,并在 $(0,\delta)$ 范围内积分得

$$\theta_0 \int_0^\delta \cos\beta_m x \, \mathrm{d}x = \int_0^\delta \sum_{n=1}^{\infty} A_n \cos\beta_n x \cos\beta_m x \, \mathrm{d}x$$

考虑式(8-25)和三角函数的性质,上式右端当 $m \neq n$ 时均为零,故得

$$A_n = \frac{\displaystyle\int_0^L \cos\beta_n x \, \mathrm{d}x}{\displaystyle\int_0^L (\cos\beta_n x)^2 \, \mathrm{d}x} = \theta_0 \frac{2\sin\beta_n L}{\beta_n L + \sin\beta_n L \cos\beta_n L}$$

故分析解为

$$\frac{\theta(x,t)}{\theta_0} = 2 \sum_{n=1}^{\infty} \mathrm{e}^{\left[-(\beta_n L)^2 \frac{at}{L^2}\right]} \frac{\sin(\beta_n L)\cos\left[(\beta_n L)\frac{x}{L}\right]}{\beta_n L + \sin\beta_n L \cos\beta_n L} \tag{8-26}$$

其中 $\beta_n L$ 是由式(8-25)确定的特征值,是 Bi 数的函数,at/L^2 是傅里叶数。这样可以认为无量纲过余温度 θ/θ_0 是傅里叶数 Fo、毕渥数 Bi 和无量纲距离 x/L 的函数,表示为

$$\frac{\theta}{\theta_0} = \frac{T(x,t) - T_\infty}{T_0 - T_\infty} = f\left(\mathrm{Fo}, \mathrm{Bi}, \frac{x}{\delta}\right)$$

以上为温度场分布。通过温度场分布,可以计算非稳态过程所传递的热量,平板从初始温度 T_0 变化到周围介质温度 T_∞,温度变化为 $T_0 - T_\infty$,放热量为

$$Q_0 = \rho CV(T_0 - T_\infty) \tag{8-27}$$

这是非稳态过程所能传递的最大热量。设从初始时刻至某一时刻 t 所传递的热量为 Q,则有

$$\frac{Q}{Q_0} = \frac{\rho C \displaystyle\int_V [T_0 - T(x,t)] \mathrm{d}V}{\rho CV(T_0 - T_\infty)} = \frac{1}{V} \int_V \frac{T_0 - T_\infty - (T - T_\infty)}{T_0 - T_\infty} \mathrm{d}V$$

$$= 1 - \frac{1}{V} \int_V \frac{T - T_\infty}{T_0 - T_\infty} \mathrm{d}V$$

故可得

$$\frac{Q}{Q_0} = 1 - \frac{\bar{\theta}}{\theta_0} \tag{8-28}$$

其中 $\bar{\theta} = \frac{1}{V} \int (T - T_\infty) \mathrm{d}V$ 是 t 时刻物体的平均过余温度。

8.3.2 非稳态导热的正规状况阶段

由超越方程式(8-25)可知,无论 Bi 数取任何值,根 $\beta_1, \beta_2, \cdots, \beta_n$ 都是正的递增数

列，所以从函数形式可以看出，式(8-26)是一个快速收敛的无穷级数。计算结果表明：当傅里叶数 Fo≥0.2 时，取级数的第一项来近似整个级数产生的误差小于 1%，对工程计算已足够精确。因此，当 Fo≥0.2 时，可取级数的第一项来计算温度分布：

$$\frac{\theta}{\theta_0} = \frac{2\sin(\beta_1 L)}{\beta_1 L + \sin(\beta_1 L)\cos(\beta_1 L)} e^{-(\beta_1 L)^2 \frac{at}{L^2}} \cos\left[(\beta_1 L)\frac{x}{L}\right] \tag{8-29}$$

而对于超越方程式(8-25)，也只要求出第一个根 β_1。表 8-1 给出了某些 Bi 数时 $\beta_1 L$ 的值。

表 8-1 Bi 数取值

Bi	0.01	0.05	0.1	0.5	1.0	5.0	10	50	100	∞
$\beta_1 L$	0.0998	0.2217	0.3111	0.6533	0.8603	1.3138	1.4289	1.5400	1.5552	1.5708

为了分析这时温度分布的特点，将式(8-29)左右两边取对数，得

$$\ln\frac{\theta}{\theta_0} = -(\beta_1 L)^2 \frac{at}{L^2} + \ln\left[\frac{2\sin\beta_1 L}{\beta_1 L + \sin\beta_1 L\cos\beta_1 L}\cos\left(\beta_1 L\frac{x}{L}\right)\right] \tag{8-30}$$

式(8-30)右边第一项是时间 t 的线性函数，t 的系数只与 Bi 数有关。即只取决于第三类边界条件、平壁的物性与几何尺寸。而右边的第二项只与 Bi 数、x/L 有关，与时间 t 无关。由式(8-30)可以得出，当 Fo≥0.2 时，平壁内所有各点过余温度的对数都随时间线性变化，并且变化曲线的斜率都相等，如图 8-7 所示。这一温度变化阶段称为非稳态导热的正规状况阶段，在此之前的非稳态导热阶段称为非正规状况阶段。在正规状况阶段，初始温度分布的影响已经消失，各点的温度都按式(8-29)的规律变化。如果用 θ_m 表示平壁中心($x/L=0$)的过余温度，则由式(8-29)可得

$$\frac{\theta_m(t)}{\theta_0} = \frac{2\sin(\beta_1 L)}{\beta_1 L + \sin(\beta_1 L)\cos(\beta_1 L)} e^{-(\beta_1 L)^2 Fo} \tag{8-31}$$

及

$$\frac{\theta(x,t)}{\theta_m(t)} = \cos\left[(\beta_1 L)\frac{x}{L}\right] \tag{8-32}$$

可见，当非稳态导热进入正规状况阶段后，虽然 θ 和 θ_m 都随时间而变化，但它们的比值与时间 t 无关，而仅与几何位置 x/L 及毕渥数 Bi 有关。即无论初始分布如何，无量纲温度 θ/θ_m 都是一样的。若将式(8-30)两边对时间求导，可得

$$\frac{1}{\theta}\frac{\partial\theta}{\partial t} = -a\beta_1^2$$

上式左边是过余温度对时间的相对变化率，称为冷却率(或加热率)。上式说明，当 Fo≥0.2 时，物体的非稳态导热进入正规状况阶段后，所有各点的冷却率或加热率都相同，且不随时间而变化，其值仅取决于物体的物性参数、几何形状与尺寸大小以及表面传热系数。

由式(8-32)，令 $x=L$，可以计算平壁表面温度和中心温度的比值。又由表 8-1 可知，当 Bi<0.1 时，$\beta_1 L<0.3111$，从而 $\cos(\beta_1 L)>0.95$。即当 Bi<0.1 时，平壁表面温度和中心温度的差别小于 5%，可以近似认为整个平壁温度是均匀的。这就是集总参数法界定值定为 Bi<0.1 的原因。

☞ **讨论**

本节的所有讨论都是基于物性为常数的情形得出的，试讨论当物性是温度函数的情形，怎么样才能获得非稳态导热的温度场？

8.4　非稳态导热仿真

非稳态热分析的基本步骤与稳态热分析类似。主要的区别是非稳态热分析中的载荷是随时间变化的。为了表达随时间变化的载荷，首先必须将载荷-时间曲线分为载荷步。对于每一个载荷步，必须定义载荷值及时间值，同时必须选择载荷步为渐变或阶跃。

8.4.1　非稳态热分析的控制方程

热储存项的计入将稳态系统变为非稳态系统，计入热储存项的控制方程的矩阵形式如下：

$$[C][\dot{T}]+[K][T]=[Q]$$

其中，$[C][\dot{T}]$为热储存项。

在非稳态分析时，载荷是和时间有关的函数，因此控制方程可表示如下：

$$[C][\dot{T}]+[K][T]=[Q(t)]$$

若分析为非线性，则各参数除了和时间有关外，还和温度有关。非线性的控制方程可表示如下：

$$[C(T)][\dot{T}]+[K(T)][T]=[Q(T,t)]$$

8.4.2　时间积分与时间步长

1. 时间积分

从求解方法上来看，稳态分析和非稳态分析之间的差别就是时间积分。利用 ANSYS 分析问题时，只要在后续载荷步中将时间积分效果打开，稳态分析即转变为非稳态分析；同样，只要在后续载荷步中将时间积分关闭，非稳态分析也可转变为稳态分析。

2. 时间步长

两次求解之间的时间称为时间步，一般来说，时间步越小，计算结果越精确。确定时间步长的方法有两种：

（1）指定裕度较大的初始时间步长，然后使用自动时间步长增加时间步；

（2）大致估计初始时间步长。

在非稳态热分析中估计初始时间步长，可以使用 Bi 数和 Fo 数。Bi 数是不考虑尺寸的热阻对流和传导比例因子，其定义为

$$Bi=\frac{h\Delta x}{K}$$

式中，Δx 为名义单元宽度；h 为平均表面换热系数；K 为平均导热系数。

Fo 数是不考虑尺寸的时间（$\Delta t/t$），其定义为

$$Fo=\frac{K\Delta t}{\rho c\,(\Delta x)^{2}}$$

式中，ρ 为平均密度；c 为比热容。

如果 Bi<1，可将 Fo 数设为常数，并求解 Δt 来预测时间步长：

$$\Delta t = \beta \frac{\rho c\ (\Delta x)^2}{\lambda} = \beta \frac{(\Delta x)^2}{\alpha}$$

$$\alpha = \frac{\lambda}{\rho c}$$

式中，α 为热耗散。

如果 Bi>1，时间步长可应用 Fo 数和 Bi 数的乘积预测：

$$\text{Fo} \cdot \text{Bi} = \left(\frac{K\Delta t}{\rho c\ (\Delta x)^2}\right)\left(\frac{h\Delta x}{K}\right) = \left(\frac{h\Delta t}{\rho c \Delta x}\right) = \beta$$

求解 Δt 得到

$$\Delta t = \beta \frac{\rho c \Delta x}{h}$$

其中，$0.1 \leqslant \beta \leqslant 0.5$，时间步长的预测精度随单元宽度的取值、平均的方法、比例因子 β 的变化而变化。

8.4.3 数值求解的过程

当前温度矢量$[T_n]$假设为已知，可以是初始温度或由前面的求解得到的。定义下一个时间点的温度矢量为

$$[T_{n+1}] = [T_n] + (1-\theta)\Delta t[\dot{T}_n] + \theta\Delta t[\dot{T}_{n+1}]$$

其中 θ 称为欧拉参数，默认为 1，下一个时间点的温度为

$$[C][\dot{T}_{n+1}] + [K][T_{n+1}] = [Q]$$

由上面两式可得

$$\left(\frac{1}{\theta\Delta t}[C] + [K]\right)[T_{n+1}] = [Q] + [C]\left(\frac{1}{\theta\Delta t}[T_n] + \frac{1-\theta}{1}[\dot{T}_n]\right)$$

$$[\bar{K}][T_{n+1}] = [\bar{Q}]$$

其中：

$$\left(\frac{1}{\theta\Delta t}[C] + [K]\right) = [\bar{K}]$$

$$[Q] + [C]\left(\frac{1}{\theta\Delta t}[T_n] + \frac{1-\theta}{1}[\dot{T}_n]\right) = [\bar{Q}]$$

欧拉参数 θ 的数值在 0.5~1 之间。在这个范围内，时间积分算法是不明显而且是不稳定的。因此，ANSYS 总是忽略时间积分步的幅值来计算。但是，这样的计算结果并不总是准确的。下面是选择积分参数的一些建议：

• 当 $\theta = 0.5$ 时，时间积分方法采用"Crank-Nicolson"技术。本设置对于绝大多数热瞬态问题都是精确有效的。

• 当 $\theta = 1$ 时，时间积分方法采用"Backward Euler"技术。这是缺省的和最稳定的设置，因为它消除了可能带来严重非线性或高阶单元的非正常振动。本技术一般需要相对 Crank-Nicolson 较小的时间积分步得到精确的结果。

8.4.4　非稳态传热分析实例

【例题 8-1】　钢球非稳态传热的 Ansys 实例。

问题描述：

一个直径为 12 cm，温度为 1000 ℃的钢制小球突然被放入了盛满了水、完全绝热、横截面直径和高度均为 60 cm 的圆柱体水槽内（钢球放在水槽的正中央），水的温度为 18 ℃，材料参数表如表 8-2 所示。试求 10 分钟后钢球与水的温度场分布。

表 8-2　物性参数表

热性能	单位制	铁	水
导热系数	W/(m·℃)	70	0.60
密度	kg/m³	7800	1000
比热	J/(kg·℃)	448	4200

问题分析：

该问题是典型的瞬态传热问题，研究对象为钢球和水。由于对称性，在求解过程中取钢球和水中心纵截面的 1/4 建立几何模型，如图 8-7 所示。本例选取 PLANE55 轴对称单元进行求解。

图 8-7　几何模型

具体步骤：

（1）定义工作文件名。选择 Utility Menu→File→Change Jobname，弹出 Change Jobname 对话框。在对话框中将工作名改为 example steel ball，单击 OK 关闭该对话框。选择 Main Menu→Preferences，弹出 Preferences for GUI Filtering 对话框，选中 Thermal 复选框，然后单击 OK 按钮关闭该对话框。

（2）定义单元类型。选择 Main Menu→Preprocessor→Element Type→Add/Edit/Delete，弹出 Element Type 对话框，单击 Add 按钮，弹出 Library of Element Types 对话框。在 Library of Element Types 对话框的两个列表框中分别选择 Thermal Solid、Quad 4node 55 选项，如图 8-8 所示。单击 OK 按钮关闭该对话框。

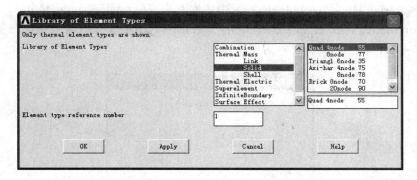

图 8 - 8　单元类型列表对话框

单击 Element Type 对话框中的 Options 按钮，弹出 PLANE55 element type options 对话框，在 Element behavior K3 下拉列表框中选择 Axisymmetric 选项，其余选项均采用默认设置，如图 8 - 9 所示，单击 OK 关闭该对话框。单击 Element Type 对话框中的 Close 按钮关闭该对话框。

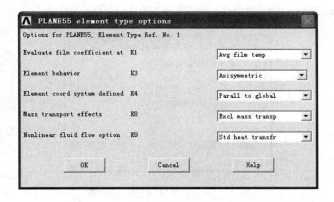

图 8 - 9　PLANE55 单元属性设置对话框

（3）定义材料性能参数。

① 选择 Main Menu→Preprocessor→Material Props→Material Model，弹出 Define Material Model Behavior 对话框，如图 8 - 10 所示。

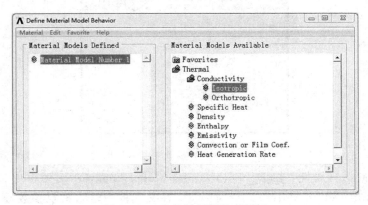

图 8 - 10　定义材料属性对话框

② 在 Material Models Available 列表中依次双击 Thermal、Conductivity、Isotropic 选项，弹出 Conductivity for Material Number 1 对话框，在文本框中输入钢的导热系数 70，如图 8-11 所示，单击 OK 关闭对话框。

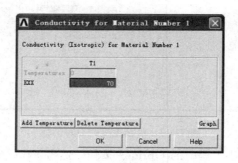

图 8-11　定义材料导热系数对话框

双击 Define Material Model Behavior 对话框上的 Specific Heat 选项，弹出 Specific Heat for Material Number 1 对话框，在文本框中输入钢的比热 448，如图 8-12 所示，单击 OK 按钮关闭该对话框。

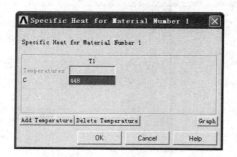

图 8-12　定义材料比热对话框

双击 Define Material Model Behavior 对话框上的 Density 选项，弹出 Density for Material Number 1 对话框，在文本框中输入钢的密度 7800，如图 8-13 所示，单击 OK 按钮关闭该对话框。

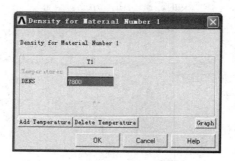

图 8-13　定义材料密度对话框

③ 定义水的材料属性：在 Define Material Model Behavior 对话框中选择 Material→New Model，弹出 Define Material ID 对话框，在文本框中输入材料参数号 2，如图 8-14

所示，单击 OK 按钮关闭该对话框。

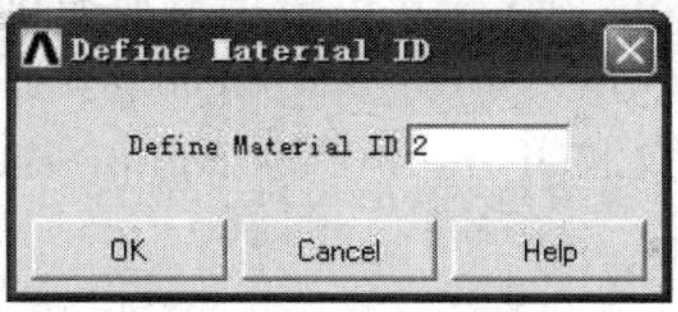

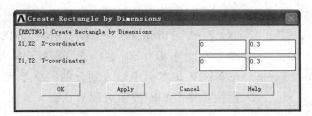

图 8-14 定义材料编号对话框

在 Material Models Available 列表中依次双击 Thermal、Conductivity、Isotropic 选项，弹出 Conductivity for Material Number 2 对话框，在文本框中输入水的导热系数 0.6，点击 OK 关闭对话框。

双击 Define Material Model Behavior 对话框上的 Specific Heat 选项，弹出 Specific Heat for Material Number 2 对话框，在文本框中输入水的比热 4200，单击 OK 按钮关闭该对话框。

双击 Define Material Model Behavior 对话框上的 Density 选项，弹出 Density for Material Number 2 对话框，在文本框中输入水的密度 1000，单击 OK 按钮关闭该对话框。关闭 Define Material Model Behavior 对话框。

（4）创建几何模型。

① 选择 Main Menu → Preprocessor → Modeling → Create → Areas → Rectangle → By Dimensions，弹出 Create Rectangle by Dimensions 对话框，如图 8-15 所示，在 X1、X2 文本框中分别输入 0、0.3，在 Y1、Y2 文本框中分别输入 0、0.3，然后单击 OK 按钮确认设置。

图 8-15 创建矩形面对话框

选择 Main Menu → Preprocessor → Modeling → Create → Areas → Circle → By Dimensions，弹出 Circular Areas by Dimensions 对话框。参照图 8-16 对其进行设置，然后单击 OK 按钮确认设置。

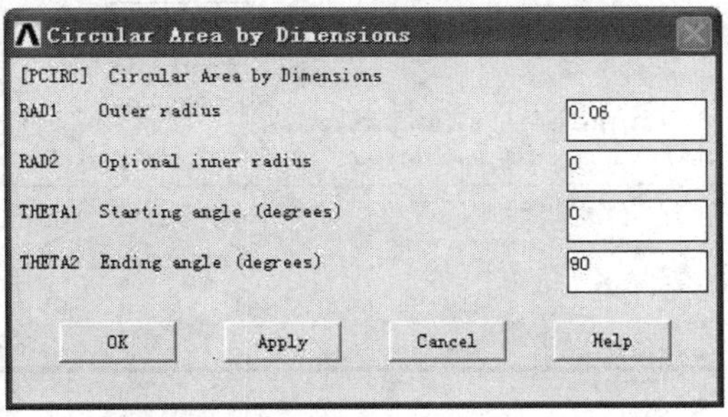

图 8-16 创建圆面对话框

选择 MainMenu→Preprocessor→Modeling→Operate→Booleans→Overlap→Areas，弹出 Overlap Areas 对话框。单击 Pick All 按钮选取所有的面。

② 选择 Main Menu→Preprocessor→Numbering Ctrls→Compress Numbers，弹出 Compress Numbers 对话框。在 Label Item to be compressed 下拉列表框中选择 All 选项，单击 OK 按钮确认设置。

选择 Utility Menu→Plot Ctrls→Numbering，弹出 Plot Numbering Controls 对话框，选择 LINE 选项，使其状态从 Off 变为 On，其余选项均采用默认设置，单击 OK 按钮关闭该对话框。完成上述操作后，生成的几何模型如图 8-17 所示。

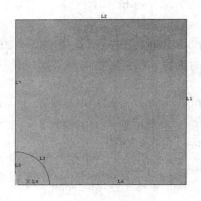

图 8-17 生成的几何模型

（5）划分有限元网格。

① 选择 Utility Menu→Plot→Lines。

选择 Main Menu→Preprocessor→Meshing→Size Ctrls→ManualSize→Lines→Picked Lines，弹出 Element Size on 菜单，在文本框中输入 4，5，单击 OK 按钮，弹出 Element Sizes on Picked Lines 对话框，在 NDIV 文本框中输入划分的网格单元个数 30，在 SPACE 文本框中输入 0.1，如图 8-18 所示，单击 OK 按钮关闭对话框。

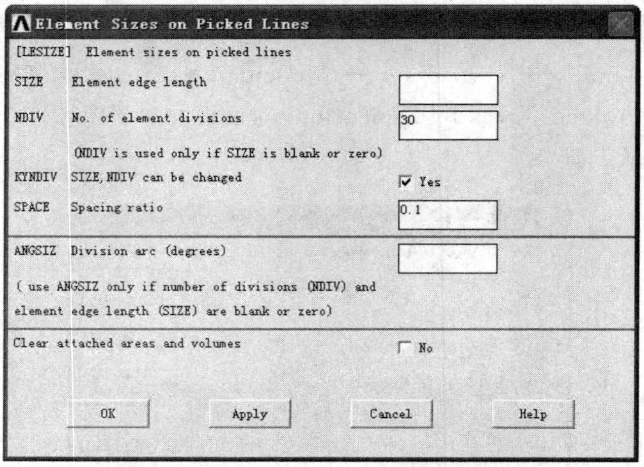

图 8-18 设置单元个数对话框

选择 MainMenu→Preprocessor→Meshing→Size Ctrls→ManualSize→Lines→Picked Lines，弹出 Element Size on 菜单，在文本框中输入 6，7，单击 OK 按钮，弹出 Element Sizes on Picked Lines 对话框，在 NDIV 文本框中输入划分的网格单元个数 32，在 SPACE 文本框中输入 0.1，单击 OK 按钮关闭对话框。

选择 Main Menu→Preprocessor→Meshing→Size Ctrls→ManualSize→Lines→Picked Lines，弹出 Element Size on 菜单，在文本框中输入 3，单击 OK 按钮，弹出 Element Sizes on Picked Lines 对话框，在 NDIV 文本框中输入划分的网格单元个数 30，单击 OK 按钮关闭对话框。选择 Utility Menu→Select→Everything。

选择 Main Menu→Preprocessor→Meshing→Mesh→Volumes→Mapped→Concatenate→Lines，弹出 Concatenate Lines 菜单，在文本框中输入 2，1，单击 OK 按钮关闭该菜单。

② 选择 Main Menu→Preprocessor→Meshing→Mesh Attributes→Default Attribs，弹出 Meshing Attributes 对话框，在[MAT]下拉列表中选择 1，如图 8-19 所示，单击 OK 按钮关闭该对话框。

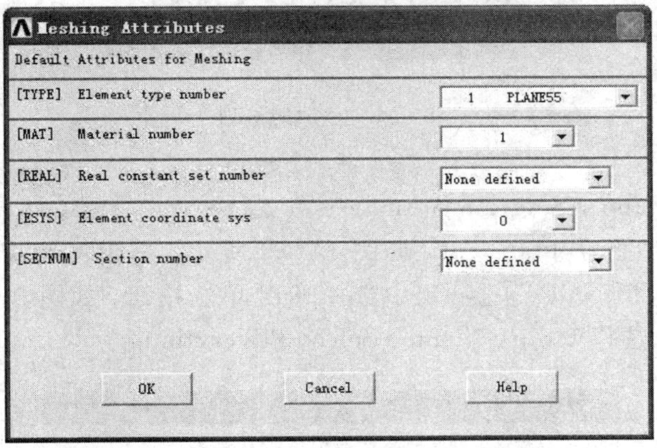

图 8-19　网格划分属性设置对话框

③ 选择 Main Menu→Preprocessor→Meshing→Mesh Tool，弹出 Mesh Tool 菜单，在 Shape 选项组中选中 Quad 和 Mapped 单选按钮，单击 Mesh 按钮，弹出 Mesh Areas 菜单，在文本框中输入 1，单击 OK 关闭该对话框。钢球部分网格如图 8-20 所示。选择 Utility Menu→Select→Everything。

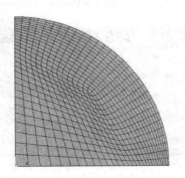

图 8-20　钢球模型网格划分

④ 选择 Main Menu→Preprocessor→Meshing→Mesh Attributes→Default Attribs，弹出 Meshing Attributes 对话框，在[MAT]下拉列表中选择2，单击OK按钮关闭该对话框。

选择 Main Menu→Preprocessor→Meshing→Mesh Tool，弹出 Mesh Tool 菜单，单击 Mesh 按钮，弹出 Mesh Areas 菜单，在文本框中输入2，单击OK按钮关闭该对话框。

⑤ 选择 Utility Menu→Plot→Element，整体网格划分结果如图8-21所示。

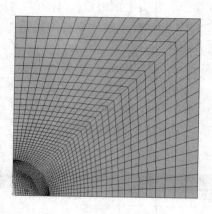

图 8-21　整体网格划分

（6）加载求解。

① 选择 Main Menu→Solution→Analysis Type→New Analysis，弹出 New Analysis 对话框。选择分析类型为 Transient，如图8-22所示，单击OK按钮，弹出 Transient Analysis对话框，在[TRNOPT]选项组中选中 Full 单选按钮，如图8-23所示，单击OK按钮关闭该对话框。选择 Utility Menu→Select→Everything。

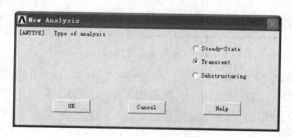

图 8-22　定义求解类型对话框

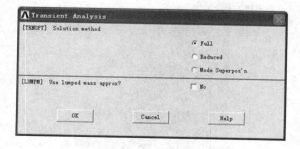

图 8-23　非稳态分析选项设置对话框

② 选择 Main Menu→Solution→Load Step Opts→Time/Frequenc→Time – Time Step，弹出 Time and Time Step Options 对话框，参照图 8 – 24 进行设置，然后单击 OK 按钮关闭该对话框。

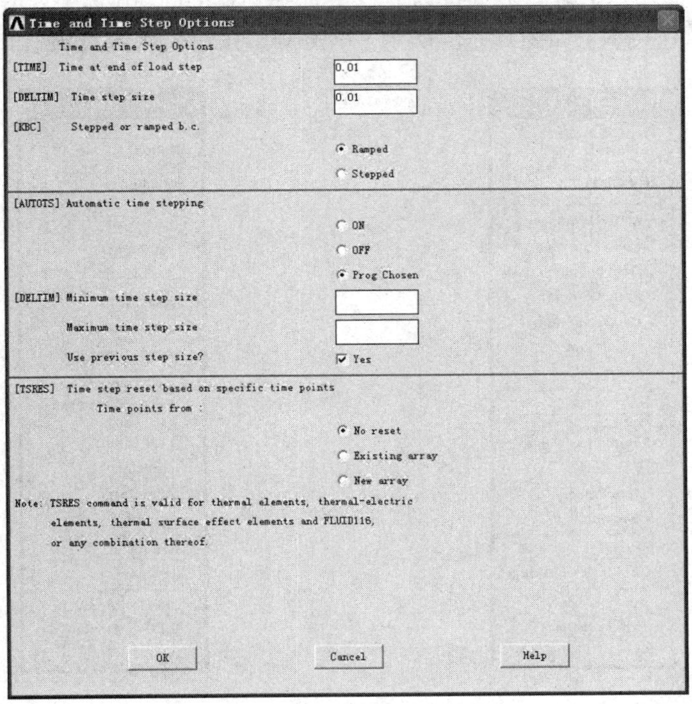

图 8 – 24　时间和时间步长设置对话框

选择 Main Menu→Solution→Load Step Opts→Time/Frequenc→Time Integration→Amplitude Decay，弹出 Time Integration Controls 对话框，参照图 8 – 25 进行设置，设置完毕后单击 OK 按钮关闭该对话框。

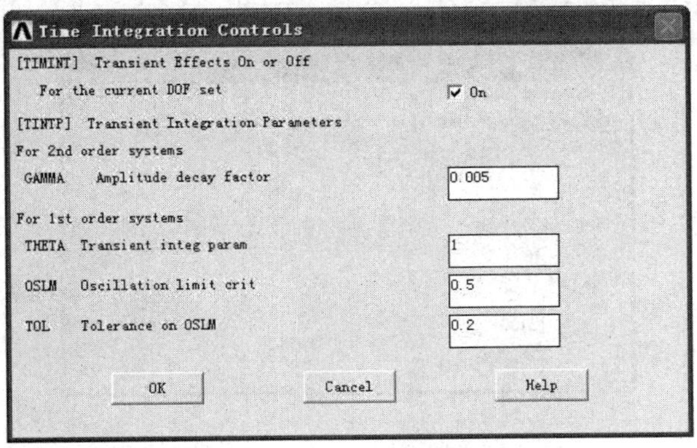

图 8 – 25　时间积分控制对话框

③ 选择 Utility Menu→Select→Entities，弹出 Select Entities 对话框。在第 1 个下拉列表框中选择 Elements 选项，在第 2 个下拉列表框中选择 By Attributes 选项，在第 3 个

选项组中选择 Material num 单选按钮，在文本框中输入 1，如图 8 - 26 所示，单击 OK 按钮关闭该对话框。

选择 Utility Menu→Select→Entities，弹出 Select Entities 对话框。在第 1 个下拉列表框中选择 Nodes 选项，在第 2 个下拉列表框中选择 Attached to 选项，在第 3 个选项组中选择 Elements 单选按钮，如图 8 - 27 所示，单击 OK 按钮关闭该对话框。

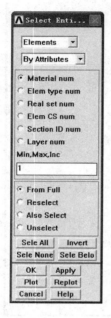

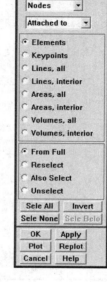

图 8 - 26　单元选择对话框　　　　　图 8 - 27　节点选择对话框

④ 选择 Main Menu→Solution→DefineLoads→Apply→Thermal→Temperature →On Nodes，弹出 Apply TEMP on Nodes 菜单，单击 Pick All 按钮，弹出 Apply TEMP on Nodes 对话框。在 Lab2 列表框中选择 TEMP 选项，在文本框中输入 1000，如图 8 - 28 所示。单击 OK 按钮关闭该对话框。选择 Utility Menu→Select→Everything。

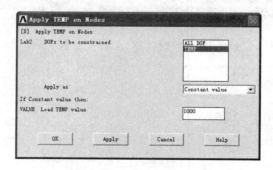

图 8 - 28　施加温度载荷对话框

⑤ 选择 Utility Menu→Select→Entities，弹出 Select Entities 对话框。在第 1 个下拉列表框中选择 Elements 选项，在第 2 个下拉列表框中选择 By Attributes 选项，在第 3 个选项组中选择 Material num 单选按钮，在文本框中输入 2，单击 OK 按钮关闭该对话框。

选择 Utility Menu→Select→Entities，弹出 Select Entities 对话框。在第 1 个下拉列表框中选择 Nodes 选项，在第 2 个下拉列表框中选择 Attached to 选项，在第 3 个选项组中选择 Elements 单选按钮，单击 OK 按钮关闭该对话框。

⑥ 选择 Main Menu→Solution→Define Loads→Apply→Thermal→Temperature→On Nodes，弹出 Apply TEMP on Nodes 菜单，单击 Pick All 按钮，弹出 Apply TEMP on Nodes 对话框。在 Lab2 列表框中选择 TEMP 选项，在文本框中输入 18，单击 OK 按钮关闭该对话框。

⑦ 选择 Utility Menu→Select→Everything。选择 Main Menu→Solution→Solve→Current LS，弹出 Solve Current Load Step 对话框，单击 OK 按钮。ANSYS 开始求解计算。计算结束后，弹出 Note 对话框，单击 Close 按钮关闭该对话框。

选择 Main Menu→Solution→Load Step Opts→Time/Frequence→Time Integration→Amplitude Decay，弹出 Time Integration Controls 对话框，将 TIMINT 设置为 On，其余选项均采用默认设置，单击 OK 按钮关闭该对话框。

选择 Main Menu→Solution→Analysis Type→Sol'n Controls，弹出 Solution Controls 对话框，选择 Basic 选项卡，参照图 8-29 进行设置，单击 OK 按钮关闭该对话框。

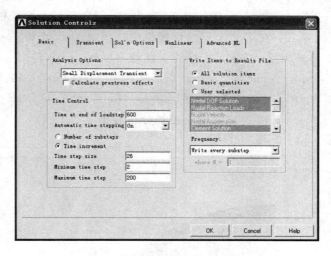

图 8-29　求解控制基本选项设置对话框

⑧ 选择 Main Menu→Solution→Define Loads→Delete→Thermal→Temperature→On Nodes，弹出 Delete TEMP on Nodes 菜单，单击 Pick All 按钮，弹出 Delete Node Constraints对话框。在下拉列表框中选择 TEMP 选项，如图 8-30 所示，单击 OK 按钮关闭该对话框。

图 8-30　删除节点参数对话框

⑨ 选择 Utility Menu→Select→Everything。选择 Utility Menu→file→Save as 命令，弹出 Save Dtabase 对话框，在 Save Dtabase to 文本框中输入 example steel ball_start. db，保存上述操作过程，单击 OK 按钮关闭该对话框。

选择 Main Menu→Solution→Solve→Current LS，出现 Solve Current Load Step 对话框，同时出现/STAT Command 窗口，仔细阅读/STAT Command 窗口中的内容，然后单击 Close 按钮，关闭/STAT Command 窗口。点击 Solve Current Load Step 对话框中的 OK 按钮，ANSYS 开始求解计算。求解结束后，ANSYS 显示窗口出现 Note 提示框，单击 Close 按钮关闭该对话框。

选择 Utility Menu→file→Save as 命令，弹出 Save Dtabase 对话框，在 Save Dtabase to 文本框中输入 example steel ball_end. db，保存求解结果，单击 OK 按钮关闭该对话框。

（7）后处理。

① 选择 Main Menu→General Postproc→Read Results→Last Set。

选择 Utility Menu→Select→Entities，弹出 Select Entities 对话框。在第 1 个下拉列表框中选择 Elements 选项，在第 2 个下拉列表框中选择 By Attributes 选项，在第 3 个选项组中选择 Material num 单选按钮，在文本框中输入 1，单击 OK 按钮关闭该对话框。

② 选择 Utility Menu→Select→Entities，弹出 Select Entities 对话框。在第 1 个下拉列表框中选择 Nodes 选项，在第 2 个下拉列表框中选择 Attached to 选项，在第 3 个选项组中选择 Elements 单选按钮，单击 OK 按钮关闭该对话框。

③ 选择 Main Menu→General Postproc→Plot Results→Contour Plot→Nodal Solu，弹出 Contour Nodal Solution Data 对话框。选择 Nodal Solu → DOF Solution → Nodal Temperature，单击 OK 按钮，钢球内部的温度场分布如图 8-31 所示。选择 Utility Menu→Select→Everything。

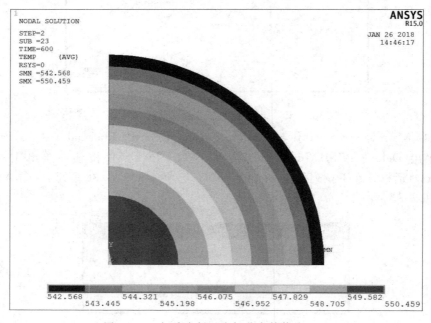

图 8-31　钢球内部温度场分布等值线云图

④ 选择 Utility Menu→Select→Entities，弹出 Select Entities 对话框。在第 1 个下拉列表框中选择 Elements 选项，在第 2 个下拉列表框中选择 By Attributes 选项，在第 3 个选项组中选择 Material num 单选按钮，在文本框中输入 2，单击 OK 按钮关闭该对话框。

选择 Utility Menu→Select→Entities，弹出 Select Entities 对话框。在第 1 个下拉列表框中选择 Nodes 选项，在第 2 个下拉列表框中选择 Attached to 选项，在第 3 个选项组中选择 Elements 单选按钮，单击 OK 按钮关闭该对话框。

选择 Main Menu→General Postproc→Plot Results→Contour Plot→Nodal Solu，弹出 Contour Nodal Solution Data 对话框。选择 Nodal Solu→DOF Solution→Nodal Temperature，单击 OK 按钮，水内部的温度场分布如图 8-32 所示。

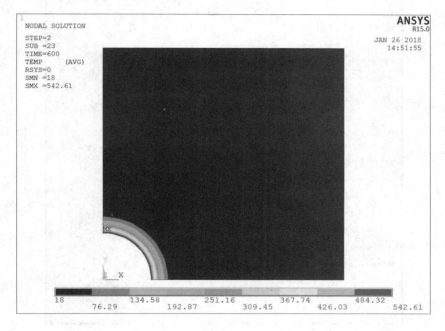

图 8-32　水内部温度场分布等值线云图

⑤ 选择 Utility Menu→PlotCtrls→Style→Graphs→Modify Axes，弹出 Axes Modification for Graph Plots 对话框，参照图 8-33 进行设置，设置完成后单击 OK 按钮关闭该对话框。

选择 Utility Menu→PlotCtrls→Style→Graphs→Modify Curves，弹出 Curve Modification for Graph Plots 对话框，在[/GTHK]下拉列表框中选择 Triple 选项，单击 OK 按钮关闭该对话框。选择 Utility Menu→Select→Everything。

选择 Main Menu→TimeHist Postpro→Define Variables，弹出 Define Time-History Variables 对话框，单击 Add 按钮，弹出 Add Time-History Variable 对话框，选中 Nodal DOF result 单选按钮，如图 8-34 所示，单击 OK 按钮，弹出 Define Nodal Data 菜单，在文本框中输入 1，单击 OK 按钮，弹出 Define Nodal Data 对话框，参照图 8-35 对其进行设置，单击 OK 按钮关闭该对话框。单击 Define Time-History Varables 对话框中的 Close 按钮关闭该对话框。

Axes Modifications for Graph Plots

[/AXLAB]	X-axis label	TIME, (sec)
[/AXLAB]	Y-axis label	TEMPERTURE
[/GTHK]	Thickness of axes	Triple
[/GRTYP]	Number of Y-axes	Single Y-axis
[/XRANGE]	X-axis range	
		○ Auto calculated
		● Specified range
XMIN, XMAX	Specified X range	0 600
[/YRANGE]	Y-axis range	
		○ Auto calculated
		● Specified range
YMIN, YMAX	Specified Y range -	500 900
NUM	- for Y-axis number	1
[/GROPT], ASCAL	Y ranges for -	Individual calcs
[/GROPT]	Axis Controls	
LOGX	X-axis scale	Linear
LOGY	Y-axis scale	Linear
AXDV	Axis divisions	☑ On
AXNM	Axis scale numbering	On - back plane
AXNSC	Axis number size fact	1
DIG1	Signif digits before -	4
DIG2	- and after decimal pt	3
XAXO	X-axis offset [0.0-1.0]	0
YAXO	Y-axes offset [0.0-1.0]	0
NDIV	Number of X-axis divisions	
NDIV	Number of Y-axes divisions	
REVX	Reverse order X-axis values	☐ No
REVY	Reverse order Y-axis values	☐ No

| OK | Apply | Cancel | Help |

图 8 - 33　坐标设置对话框

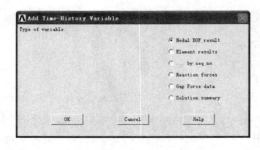

图 8 - 34　添加时间历程变量对话框

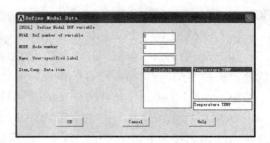

图 8 - 35　定义节点数据对话框

　　选择 Main Menu→TimeHist Postpro→Graph Variables，弹出 Graph Time - History Varable 对话框，在 NAVR1 文本框中输入 2，如图 8 - 36 所示，单击 OK 按钮，ANSYS 显示窗口将显示球心温度随时间的变化曲线图，如图 8 - 37 所示。

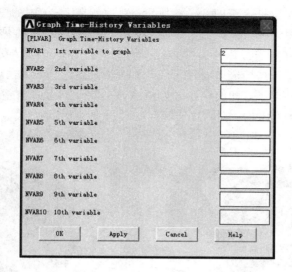

图 8 - 36　显示时间历程对话框

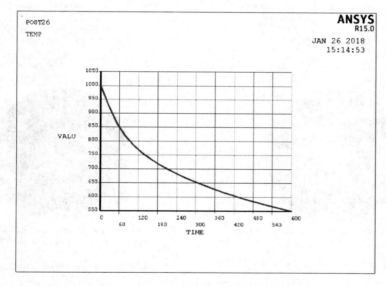

图 8 - 37　球心温度随时间变化曲线图

【例题 8 - 2】　例题 2 - 1 中的平板非稳态传热的 Ansys 实例。

问题描述：

假设有直径 $d=0.3$ m 的铜制扁平圆板，圆板面积尺寸远大于其厚度，板子暴露在温度为 10℃ 空气中，换热系数为 $h=2$ W/(m²·℃)。初始状态时($t=0$ s)平圆板中心滴落了一滴温度为 100 ℃ 的油，试绘出多个时刻的热云图，并与例题 2 - 1 的示意图对比。

问题分析：

该问题是典型的瞬态传热问题，研究对象为扁平圆板和油滴。假设油滴尺寸为 $d=0.06$ m，建立几何模型，并选取 PLANE55 单元进行求解。由于篇幅限制，将不再把所有的 GUI 步骤逐一作图展示，请读者自行导入附录中的 APDL 文件了解建模和分析过程。

该问题的求解结果如图 8-38 至图 8-45 所示，对比例题 2-1 中的图 2-9 至图 2-11 可以发现，两组热云图的大致趋势类似，都经历了先由中心向四周的热扩散（热传导为主），再由板子通过板面向外界进行热传递（热对流为主）。此外，还可以发现例题 2-1 中的示意图并不十分准确，首先是热传递的时间，其次是热云图的分布，这说明人为的理解与实际计算往往存在偏差。然而，即便存在人为预估与实际计算上的偏差，在进行一个热分析前，先预估热问题的大致走向，在解决实际问题时是十分有帮助的。

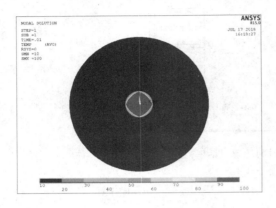

图 8-38　$t=0$ s 的热云图

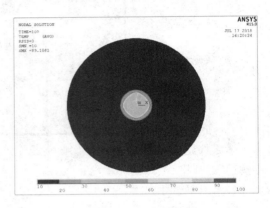

图 8-39　$t=100$ s 的热云图

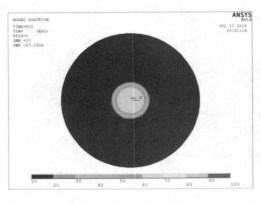

图 8-40　$t=500$ s 的热云图

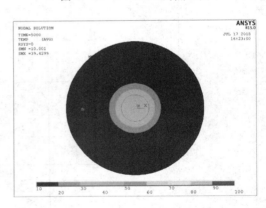

图 8-41　$t=5000$ s 的热云图

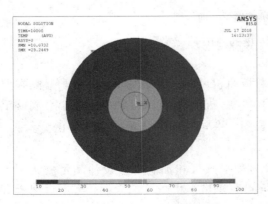

图 8-42　$t=10\,000$ s 的热云图

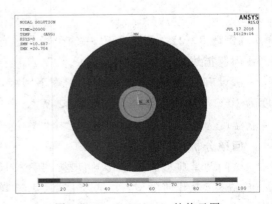

图 8-43　$t=20\,000$ s 的热云图

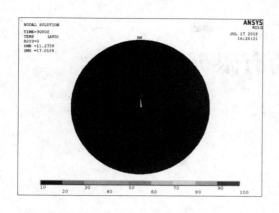

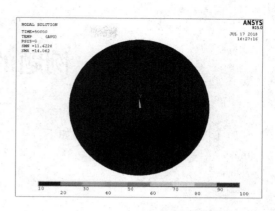

图 8-44　$t=30\,000$ s 的热云图　　　　　图 8-45　$t=50\,000$ s 的热云图

☞ **习题**

　　学习例题 8-1 和例题 8-2 的 ANSYS 非稳态分析过程，参考例题 6-8 的 QFN 器件建模过程，以无铅焊的炉温曲线为器件的外部环境载荷，试模拟 QFN 器件在通过回流焊的过程中的器件内部热场变化。

☞ **参考文献**

［1］　张洪才,何波. ANSYS 13.0 从入门到实战. 北京：机械工业出版社,2011.

附录　例题的有限元程序

（1）例题 6 - 1 的 APDL 文件如下：

```
finish
/clear
L=4
P=50e3
b=0.12
h=0.18

/Title，Case - 6 - 1 - Cantilever Beam
/filename，Case - 6 - 1 - Cantilever Beam
/Prep7

et,1,beam188
mp,ex,1,206e9
mp,prxy,1,0.3

SECTYPE,   1, BEAM, RECT, , 0
SECOFFSET, CENT
SECDATA,b,h,,0,0,0,0,0,0,0,0,0,0

K,1,0,0,0,
K,2,L,0,0,
lstr,1,2

lsel,s,,,1
lesize,all,,,12
lmesh,1
finish
allsel

/solu
DK,1, ,0, ,0,ALL, , , , , ,
FK,2,FY,-50000
/STATUS,SOLU
SOLVE
FINISH
```

```
/POST1
/EFACET,1
PLNSOL, U,Y, 0,1.0
```

（2）例题 6-2 采用六面体单元的 APDL 文件如下：

```
finish
/clear

L=4
P=-50e3
b=0.12
h=0.18

/Title, Case-6-2-Cantilever Beam.
/filename, Case-6-2-Cantilever Beam
/Prep7

et,1,solid185
mp,ex,1,206e9
mp,prxy,1,0.3

BLOCK,0,L,0,b,0,h,

lsel,s,,,1
lsel,a,,,8
lsel,a,,,9
lsel,a,,,12
lesize,all,,,3
allsel

lsel,s,,,3
lsel,a,,,6
lsel,a,,,10
lsel,a,,,11
lesize,all,,,3
allsel

lsel,s,,,2
lsel,a,,,4
lsel,a,,,5
lsel,a,,,7
lesize,all,,,100
allsel
```

```
vmesh,1
finish
/solu

asel,s,,,5
DA,all,all ,0
allsel

FK,7,FY,P
allsel

/STATUS,SOLU
SOLVE
FINISH

/POST1
/EFACET,1
PLNSOL, U,Y, 0,1.0
```

（3）例题 6-3 采用四面体单元的 APDL 文件如下：

```
finish
/clear

L=4
P=-50e3
b=0.12
h=0.18


/Title，Case-6-3-Cantilever Beam.
/filename，Case-6-3-Cantilever Beam
/Prep7

et,1,solid285
mp,ex,1,206e9
mp,prxy,1,0.3

BLOCK,0,L,0,b,0,h,

lsel,s,,,1
lsel,a,,,8
lsel,a,,,9
lsel,a,,,12
lesize,all,,,3
```

```
allsel

lsel,s,,,3
lsel,a,,,6
lsel,a,,,10
lsel,a,,,11
lesize,all,,,3
allsel

lsel,s,,,2
lsel,a,,,4
lsel,a,,,5
lsel,a,,,7
lesize,all,,,100
allsel

vmesh,1
finish
/solu

asel,s,,,5
DA,all,all ,0
allsel


FK,7,FY,P
allsel

/STATUS,SOLU
SOLVE
FINISH

/POST1
/EFACET,1
PLNSOL, U,Y, 0,1.0
```

(4) 例题 6-4 的 APDL 文件如下：

```
finish
/clear

a=2
b=10


/Title，Case-6-4 One Dimension heat transfer
```

```
/filename，Case - 6 - 4 One Dimension heat transfer
/Prep7

et,1,plane55
mp,kxx,1,385

rectng,0,a,0,b
lesize,all,,,20
mat,1
amesh,1


/SOL
lsel,s,,,4
DL,all,,temp,100,0
allsel
lsel,s,,,2
DL,all,,temp,10,0
allsel
solve

/POST1
/EFACET,1
PLNSOL，TEMP,,0
```

（5）例题 6 - 5 的 APDL 文件如下：

```
finish
/clear


/Title，Case - 6 - 5 One Dimension heat transfer(polar coordinates)
/filename，Case - 6 - 5   One Dimension heat transfer(polar coordinates)
/Prep7

et,1,plane55
mp,kxx,1,385

PCIRC,10，,0,90,
lesize,all,,,10
mat,1
amesh,1
eplot

asel,s,,,1
ARSYM,X,all, , , ,0,0
```

```
eplot
asel,s,,,1,2
ARSYM,Y,all, , , ,0,0
eplot

allsel
nummrg,all

/SOL

DK,3, ,100, ,0,TEMP, , , , , ,
lsel,s,,,1
lsel,a,,,4
lsel,a,,,7
lsel,a,,,10
DL,all,,temp,10,0
allsel
solve

/POST1
/EFACET,1
PLNSOL, TEMP,, 0
```

（6）例题 6-6 的 APDL 文件如下：

```
finish
/clear

a=10
b=10

/Title, Case-6-6 Two Dimension heat transfer
/filename, Case-6-6  Two Dimension heat transfer
/Prep7

et,1,plane55
mp,kxx,1,385

rectng,0,a,0,b
lesize,all,,,20
mat,1
amesh,1

/SOL
```

```
lsel,s,,,2,4
DL,all,,temp,100,0
allsel
lsel,s,,,1
DL,all,,temp,10,0
allsel
solve
```

```
/POST1
/EFACET,1
PLNSOL, TEMP,, 0
```

（7）例题 6-7 的 APDL 文件如下：

```
finish
/clear
```

```
a1=2
a2=2
b=10
```

```
/Title，Case-6-7 One Dimension heat transfer cross two materials
/filename，Case-6-7   One Dimension heat transfer cross two materials
/Prep7
```

```
et,1,plane55
mp,kxx,1,385
mp,kxx,2,60
```

```
rectng,0,a1,0,b
rectng,a1,a1+a2,0,b
asel,s,,,1,2
AGLUE,all
allsel
```

```
lesize,all,,,10
mat,1
amesh,1
mat,2
amesh,3
```

```
/SOL
lsel,s,,,4
DL,all,,temp,100,0
allsel
```

```
lsel,s,,,6
DL,all,,temp,10,0
allsel
solve

/POST1
/EFACET,1
PLNSOL，TEMP,,0
```

（8）例题 6 - 8 的 APDL 文件如下：

```
finish
/clear
!(1) parameter definition
```

```
w1=3.58                        ! w1 means the width of the package
w2=2.9                         ! w2 means the width of the die pad
w3=1.9                         ! w3 means the width of the die
w4=0.5                         ! pattern pitch
w5=0.45                        ! w5 means the width of the silver ring area
w6=0.10                        ! w6 means the width of the die attach fillet
h=0.08                         ! h means the height of the die attach fillet

t1=0.203                       ! t1 means the thickness of the copper substrate
t2=0.025                       ! t2 means the thickness of the die attach
t3=0.33                        ! t3 means the thickness of the die
t4=0.92-t1-t2-t3               ! t4 means thickness from die/MC interface to package top

r=0.125                        ! radius of pattern
l=0.48-r                       ! pattern length
g=0.2                          ! gap length of molding compound
!(2) element type choose and material propoties
/Title，Case-6-8   QFN model
/filename,Case-6-8   QFN model
! 1/4 model
/Prep7

et,1,plane55                   ! choose 2-D element type for 2-D mesh
et,2,solid70
et,3,solid90                   ! choose 3-D element type for 3-D mesh
et,4,SHELL57

!!!!!! material properties

mp,dens,1,8900e-6              ! Copper Density
```

```
mp,c,1,390000000              ! Specific Heat of Copper
mp,kxx,1,385000               ! Conductivity of Copper

mp,dens,2,500e-6              ! Die Attach Density
mp,c,2,5000000                ! Specific Heat of Die attach
mp,kxx,2,5000                 ! Conductivity of Die attach

mp,dens,3,1500e-6             ! Die Density
mp,c,3,130000000              ! Specific Heat of Die
mp,kxx,3,130000               ! Conductivity of Die

mp,dens,3,300e-6              ! EMC Density
mp,c,3,500000                 ! Specific Heat of EMC
mp,kxx,4,500                  ! Conductivity of EMC

!(3-1) 2-D Modeling --- build copper pattern area then overlap them

pcirc,r,,0,-90
rectng,0,r,0,l
rectng,0,w4/2,0,l
rectng,0,w4/2,-g-r,l
aovlap,all

!(3-2) 2-D Modeling --- mesh the each copper pattern unit

lsel,s,,,2,3
lesize,all,,,3
lsel,s,,,1
lesize,all,,,4
allsel
mat,1
amesh,1

lccat,12,21
mshkey,1
mat,4
amesh,7
ldele,4

lsel,s,,,9
lsel,a,,,16,17
lesize,all,,,3
allsel
```

```
mat,1
mshkey,1
amesh,5


mat,4
mshkey,1
amesh,6
```

!(3 – 3) 2 – D Modeling – – – Copy them，for 1/4 QFN model，each side will have 6 pattern

```
asel,all
arsym,x,all
agen,6,all,,,w4
asel,all
agen,,,all,,,0. 25,3. 225,,,,1     ! Move them the right position.


wpro,– 90          ! rotate the workplane to repeat the above process in order to build the other side.


pcirc,r,,0,– 90
rectng,0,r,0,l
rectng,0,w4/2,0,l
rectng,0,w4/2,– g – r,l


wpro,90
allsel
aplot


asel,s,loc,y,– 1,1
aplot
aovlap,all


lsel,s,,,,146,147
lesize,all,,,3
lsel,s,,,145
lesize,all,,,4
allsel
mat,1
mshkey,0
amesh,49


lccat,156,165
mshkey,1
mat,4
```

```
amesh,55
ldele,148

lsel,s,,,153
lsel,a,,,160,161
lesize,all,,,3
allsel
mat,1
mshkey,1
amesh,53

mat,4
mshkey,1
amesh,54


asel,s,loc,y,-1,1
arsym,y,all
asel,s,loc,y,-1,1
agen,6,all,,,,w4
asel,s,loc,y,-1,2.8
agen,,all,,,3.225,0.25,,,,1
allsel
eplot
```

!(3-4) 2-D Modeling - - - Refine the corner part, since there was some overlap area

```
aclear,47
aclear,96

aovlap,47,96
adele,97,99
allsel
lplot

lsel,s,,,289,292
ldele,all,,,1
lsel,s,,,293
lsel,a,,,295
ldele,all,,,1

allsel
nummrg,kp
```

```
l,103,207
nummrg,all
allsel
lplot
al,136,139,274,268,285,296,294,141,121

mat,4
mshkey,0
amesh,47
allsel
eplot

k,2000,w1,w1
l,104,2000
l,2000,208
al,7,17,275,139,137

lccat,7,17
mat,4
mshkey,1
amesh,96
ldele,24
```

!(3-5) 2-D Modeling --- build the die attach fillet part starting from the 2-D surface building, after then, rotate it.

```
k,1001,w3,w3
k,1002,w3+w6,w3,0
k,1003,w3,w3,h+t2
k,1004,w3+w6/2,w3,(t2+h)*(1/3)

larc,1002,1003,1004
l,1001,1002
l,1001,1003
al,30,24,35

KWPAVE,1001
wprota,,90
rectng,0,w6,0,h+t2
rectng,0,w6,0,t2
allsel
aplot
aovlap,97,98,99
```

```
wprota,,-90


!(3-6) 2-D Modeling --- 2-d fillet surface mesh

lsel,s,,,96
lsel,a,,,95
lsel,a,,,102
lesize,all,,,4
mshkey,0
type,4
mat,2
amesh,101


lsel,s,,,30
lesize,all,,,4
lsel,s,,,107
lsel,a,,,87
lesize,all,,,3
mshkey,1
type,4
mat,2
amesh,102


lsel,s,,,119
lsel,a,,,83
lsel,a,,,111
lesize,all,,,4
mshkey,1
type,4
mat,4
amesh,103


lsel,s,,,78
lesize,all,,,3
mshkey,0
type,4
mat,4
amesh,100
allsel
eplot


!(4-1) 3-D Modeling --- rotate the 2-d fillet surface to form the 3-D die attach fillet at corner first
```

```
asel,s,,,101,102
type,2
mat,2
extopt,esize,2
extopt,aclear,1
vrotat,all,,,,,,1001,1003,90,2
allsel

asel,s,,,100
asel,a,,,103
type,2
mat,4
extopt,esize,2
extopt,aclear,1
vrotat,all,,,,,,1001,1003,90,2
allsel
eplot
```

!(4-2) 3-D Modeling --- extrude for the 3-d die attach fillet along die edge (one side)

```
        asel,s,,,124
        asel,a,,,128
        extopt,esize,16
        type,3
        mat,4
        vext,all,,,-w3

        asel,s,,,109
        asel,a,,,112
        extopt,esize,16
        type,3
        mat,2
        vext,all,,,-w3
```

!(4-3) 3-D Modeling --- extrude for the whole 3-d die attach layer and die layer

```
        asel,s,,,101
        asel,a,,,102
        asel,a,,,144
        extopt,esize,16
        type,3
```

```
        mat,2
        vext,all,,,,- w3
        allsel

        asel,s,,,100
        asel,a,,,103
        extopt,esize,16
        type,3
        mat,4
        vext,all,,,,- w3
        allsel
        eplot

        asel,s,,,139
        extopt,esize,16
        type,3
        mat,3
        vext,all,,,,- w3
        allsel
        eplot
        KWPAVE,90
```

!(5 - 1) 2 - D Modeling - - - back to 2 - d surface building for the copper die pad part.

```
k,500,w2 - w5,0
k,501,w2 - w5,w3
k,502,w2 - w5,w2 - w5
k,503,w3,w2 - w5
k,504,0,w2 - w5

allsel
nummrg,node
nummrg,kp
ksel,s,loc,z,0
kplot

l,500,89
l,500,501
l,501,1002
l,501,502
l,502,503
l,502,8
l,503,22
```

```
l,504,54
l,504,503
allsel
lplot

l,500,121
l,503,70
l,501,180
l,504,18
allsel
lsel,s,loc,z,0
lplot

al,308,140,143,151
al,54,151,174,198
al,126,198,192,209
al,246,209,284,222
```

!(5 - 2) 2 - D Modeling - - - mesh the copper die pad part.

```
allsel
asel,s,loc,z,0
aplot

lsel,s,,,143
lsel,a,,,284
lesize,all,,,16

lsel,s,,,222
lsel,a,,,209
lsel,a,,,198
lsel,a,,,151
lsel,a,,,140
lesize,all,,,10,0. 2

lsel,s,,,192
lsel,a,,,174
lesize,all,,,2

allsel
mshkey,1
type,1
mat,1
```

```
amesh,115

mshkey,1
type,1
mat,1
amesh,119
amesh,123
amesh,127
allsel
eplot
allsel
lsel,s,loc,z,0
lplot
```

!(5 - 3) 2 - D Modeling - - - mesh the copper die pad part covered by silver ring.

```
FLST,2,11,4
FITEM,2,143
FITEM,2,288
FITEM,2,156
FITEM,2,166
FITEM,2,187
FITEM,2,190
FITEM,2,211
FITEM,2,214
FITEM,2,235
FITEM,2,238
FITEM,2,292
AL,P51X

FLST,2,11,4
FITEM,2,284
FITEM,2,289
FITEM,2,91
FITEM,2,94
FITEM,2,67
FITEM,2,70
FITEM,2,43
FITEM,2,46
FITEM,2,12
FITEM,2,22
FITEM,2,297
AL,P51X
```

!(5-4) 2-D Modeling - - - mesh the copper die pad part covered by silver ring.

```
allsel
lsel,s,loc,z,0
lsel,r,loc,x,w2
lsel,u,loc,y,w3,w2
lccat,all

lsel,s,,,288
lsel,a,,,292
lesize,all,,,10,0. 2

allsel
mshkey,1
type,1
mat,1
amesh,138
ldele,316

allsel
lsel,s,loc,z,0
lsel,r,loc,y,w2
lsel,u,loc,x,w3,w2
lccat,all

lsel,s,,,297
lsel,a,,,289
lesize,all,,,10,0. 2

allsel
mshkey,1
type,1
mat,1
amesh,143
ldele,316
```

!(5-5) 2-D Modeling - - - mesh the copper die pad part covered by silver ring at corner, also mesh them

```
LSTR,      502,      217
FLST,2,7,4
FITEM,2,192
```

```
FITEM,2,316
FITEM,2,294
FITEM,2,142
FITEM,2,115
FITEM,2,118
FITEM,2,289
AL,P51X
FLST,2,7,4
FITEM,2,174
FITEM,2,292
FITEM,2,259
FITEM,2,262
FITEM,2,283
FITEM,2,296
FITEM,2,316
AL,P51X

FLST,5,4,4,ORDE,4
FITEM,5,115
FITEM,5,118
FITEM,5,142
FITEM,5,294
LSEL,S, , ,P51X
lccat,all

FLST,5,4,4,ORDE,4
FITEM,5,259
FITEM,5,262
FITEM,5,283
FITEM,5,296
LSEL,S, , ,P51X
lccat,all

lsel,s,,,316
lesize,all,,,10,0.4

allsel
mshkey,0
type,1
mat,1
amesh,160
amesh,164
ldele,317
```

```
ldele,319
allsel
eplot
```

!(6－1) 3－D Modeling －－－ extrude the substrate, copper pattern and copper lead－frame first

```
        allsel
        asel,s,loc,z,0
        asel,u,mat,,4
        extopt,esize,4
        type,3
        mat,1
        extopt,aclear,1
        vext,all,,,,,－t1
        allsel
        eplot
```

!(6－2) 3－D Modeling －－－ extrude the substrate, molding compound second

```
        allsel
        asel,s,loc,z,0
        asel,r,mat,,4
        extopt,esize,4
        type,3
        mat,4
        extopt,aclear,1
        vext,all,,,,,－t1
        allsel
        eplot
```

!(6－3) 3－D Modeling －－－ extrude molding compound to the die attach level

```
        asel,s,loc,z,0
        asel,u,,,154
        asel,u,,,150
        asel,u,,,104
        asel,u,,,110
        asel,u,,,142
        extopt,esize,3
        type,3
        mat,4
        extopt,aclear,1
```

```
vext,all,,,,,t2
allsel
eplot
```

!(6-4) 3-D Modeling --- extrude molding compound to the die attach fillet height level

```
asel,s,loc,z,t2
asel,u,,,156
asel,u,,,148
asel,u,,,159
asel,u,,,98
asel,u,,,114
asel,u,,,108
asel,u,,,122
asel,u,,,140
asel,u,,,131
extopt,esize,4
type,3
mat,4
extopt,aclear,1
vext,all,,,,,h
allsel
eplot
```

!(6-5) 3-D Modeling --- extrude the die

```
asel,s,,,169
extopt,esize,4
type,3
mat,3
extopt,aclear,1
vext,all,,,,,t3-h
allsel
eplot
```

!(6-6) 3-D Modeling --- extrude the molding compound to the die level

```
asel,s,loc,z,t2+h
asel,u,,,169
extopt,esize,4
type,3
mat,4
extopt,aclear,1
```

```
        vext,all,,,,,t3 - h
        allsel
        eplot
```

!(6 - 7) 3 - D Modeling - - - extrude the molding compound to the package top

```
        asel,s,loc,z,t2+t3
        extopt,esize,3
        type,3
        mat,4
        extopt,aclear,1
        vext,all,,,,,t4
        allsel
        eplot

        nummrg,node
        allsel
        eplot
```

!(7 - 1) Loading and solve

```
/solu

asel,s,loc,x,3.58
asel,a,loc,y,3.58
asel,a,loc,z,0.92 - t1
asel,a,loc,z,- t1
SFA,all,1,CONV,80.75,25        ! apply the convection condition on all the QFN surface
allsel
aplot

vsel,s,,,336
vplot
BFV,all,HGEN,104927        ! apply the heat generate on die, the calculation process is shown
in Book
allsel
aplot
solve

FINISH
/POST1
! *
/EFACET,1
```

PLNSOL, TEMP,, 0

(9) 例题 8 - 1 的 APDL 文件如下：

```
finish
/clear

/FILNAME,example steel ball,0
! *
/NOPR
KEYW,PR_SET,1
KEYW,PR_STRUC,0
KEYW,PR_THERM,1
KEYW,PR_FLUID,0
KEYW,PR_ELMAG,0
KEYW,MAGNOD,0
KEYW,MAGEDG,0
KEYW,MAGHFE,0
KEYW,MAGELC,0
KEYW,PR_MULTI,0
/GO
! *
/COM,
/COM,Preferences for GUI filtering have been set to display：
/COM,    Thermal
! *
/PREP7
! *
ET,1,PLANE55
! *
KEYOPT,1,1,0
KEYOPT,1,3,1
KEYOPT,1,4,0
KEYOPT,1,8,0
KEYOPT,1,9,0
! *
MPTEMP,,,,,,,,
MPTEMP,1,0
MPDATA,KXX,1,,70
MPTEMP,,,,,,,,
MPTEMP,1,0
MPDATA,C,1,,448
MPTEMP,,,,,,,,
MPTEMP,1,0
MPDATA,DENS,1,,7800
MPTEMP,,,,,,,,
```

```
MPTEMP,1,0
MPDATA,KXX,2,,0.6
MPTEMP,,,,,,,,
MPTEMP,1,0
MPDATA,C,2,,4200
MPTEMP,,,,,,,
MPTEMP,1,0
MPDATA,DENS,2,,1000
RECTNG,0,0.3,0,0.3,
PCIRC,0.06,0,0,90,
FLST,2,2,5,ORDE,2
FITEM,2,1
FITEM,2,-2
AOVLAP,P51X
NUMCMP,ALL
/PNUM,KP,0
/PNUM,LINE,1
/PNUM,AREA,0
/PNUM,VOLU,0
/PNUM,NODE,0
/PNUM,TABN,0
/PNUM,SVAL,0
/NUMBER,0
!*
/PNUM,ELEM,0
/REPLOT
!*
LPLOT
FLST,5,2,4,ORDE,2
FITEM,5,4
FITEM,5,-5
CM,_Y,LINE
LSEL, , , ,P51X
CM,_Y1,LINE
CMSEL,,_Y
!*
LESIZE,_Y1, , ,30,0.1, , , ,1
!*
FLST,5,2,4,ORDE,2
FITEM,5,6
FITEM,5,-7
CM,_Y,LINE
LSEL, , , ,P51X
CM,_Y1,LINE
```

```
CMSEL,,_Y
! *
LESIZE,_Y1, , ,32,0.1, , , ,1
! *
FLST,5,1,4,ORDE,1
FITEM,5,3
CM,_Y,LINE
LSEL, , , ,P51X
CM,_Y1,LINE
CMSEL,,_Y
! *
LESIZE,_Y1, , ,30, , , , ,1
! *
ALLSEL,ALL
FLST,2,2,4,ORDE,2
FITEM,2,1
FITEM,2,-2
LCCAT,P51X
TYPE,   1
MAT,        1
REAL,
ESYS,        0
SECNUM,
! *
MSHAPE,0,2D
MSHKEY,1
! *
CM,_Y,AREA
ASEL, , , ,        1
CM,_Y1,AREA
CHKMSH,'AREA'
CMSEL,S,_Y
! *
AMESH,_Y1
! *
CMDELE,_Y
CMDELE,_Y1
CMDELE,_Y2
! *
ALLSEL,ALL
TYPE,   1
MAT,        2
REAL,
ESYS,        0
```

```
SECNUM,
! *
CM,_Y,AREA
ASEL, , , ,        2
CM,_Y1,AREA
CHKMSH,'AREA'
CMSEL,S,_Y
! *
AMESH,_Y1
! *
CMDELE,_Y
CMDELE,_Y1
CMDELE,_Y2
! *
FINISH
/SOL
! *
ANTYPE,4
! *
TRNOPT,FULL
LUMPM,0
! *
ALLSEL,ALL
! *
TIME,0.01
AUTOTS,-1
DELTIM,0.01, , ,1
KBC,0
! *
TSRES,ERASE
TIMINT,1
TINTP,0.005, , ,1,0.5,0.2,
! *
ESEL,S,MAT,,1
NSLE,S
FLST,2,721,1,ORDE,2
FITEM,2,1
FITEM,2,-721
! *
/GO
D,P51X, ,1000, , , ,TEMP, , , , ,
ALLSEL,ALL
ESEL,S,MAT,,2
NSLE,S
```

```
FLST,2,1023,1,ORDE,5
FITEM,2,2
FITEM,2,32
FITEM,2,-61
FITEM,2,722
FITEM,2,-1713
!*
/GO
D,P51X, ,18, , , ,TEMP, , , , ,
ALLSEL,ALL
/STATUS,SOLU
SOLVE
TIMINT,1
TINTP,0.005, , ,1,0.5,0.2,
!*
DELTIM,26,2,200
OUTRES,ERASE
OUTRES,ALL,ALL
AUTOTS,1
TIME,600
FLST,2,1713,1,ORDE,2
FITEM,2,1
FITEM,2,-1713
DDELE,P51X,TEMP
ALLSEL,ALL
SAVE,'example steel ball_start','db','E:\'
/STATUS,SOLU
SOLVE
SAVE,'example steel ball_end','db','E:\'
FINISH
/POST1
SET,LAST
SET,LAST
SET,LAST
SET,LAST
SET,LAST
SET,LAST
SET,LAST
ESEL,S,MAT,,1
NSLE,S
!*
/EFACET,1
PLNSOL, TEMP,, 0
ALLSEL,ALL
```

```
ESEL,S,MAT,,2
NSLE,S
!*
!*
/EFACET,1
PLNSOL,TEMP,,0
/AUTO,1
/REP,FAST
/AXLAB,X,TIME,(sec)
/AXLAB,Y,TEMPERATURE
/GTHK,AXIS,3
/GRTYP,0
/GROPT,ASCAL,ON
/GROPT,LOGX,OFF
/GROPT,LOGY,OFF
/GROPT,AXDV,1
/GROPT,AXNM,ON
/GROPT,AXNSC,1,
/GROPT,DIG1,4,
/GROPT,DIG2,3,
/GROPT,XAXO,0,
/GROPT,YAXO,0,
/GROPT,DIVX,
/GROPT,DIVY,
/GROPT,REVX,0
/GROPT,REVY,0
/GROPT,LTYP,0
!*
/XRANGE,0,600
/YRANGE,500,900,1
!*
/GTHK,CURVE,3
/GROPT,FILL,OFF
/GROPT,CURL,1
/GCOLUMN,1,
/GMARKER,1,0,1,
!*
ALLSEL,ALL
/POST26
FILE,'examplesteelball ','rth','. '
/UI,COLL,1
NUMVAR,200
SOLU,191,NCMIT
STORE,MERGE
```

```
FILLDATA,191,,,,1,1
REALVAR,191,191
!*
!*
!*
NSOL,2,1,TEMP,,
!*
PLVAR,2,,,,,,,,,,
/DIST,1,1.08222638492,1
/REP,FAST
```
（10）例题 8 - 2 的 APDL 文件如下：
```
finish
/clear

/FILNAME,example8 - 2 transient,0
/CWD,'E:\'
!*考虑油滴对流
/NOPR
KEYW,PR_SET,1
KEYW,PR_STRUC,0
KEYW,PR_THERM,1
KEYW,PR_FLUID,0
KEYW,PR_ELMAG,0
KEYW,MAGNOD,0
KEYW,MAGEDG,0
KEYW,MAGHFE,0
KEYW,MAGELC,0
KEYW,PR_MULTI,0
/GO
!*
/COM,
/COM,Preferences for GUI filtering have been set to display:
/COM,   Thermal
!*
/PREP7
!*
ET,1,PLANE55
!*
!*
MPTEMP,,,,,,,,
MPTEMP,1,0
MPDATA,KXX,1,,398
MPTEMP,,,,,,,,
MPTEMP,1,0
```

```
MPDATA,C,1,,386
MPTEMP,,,,,,,
MPTEMP,1,0
MPDATA,DENS,1,,8930
MPTEMP,,,,,,,
MPTEMP,1,0
MPDATA,KXX,2,,0.1361
MPTEMP,,,,,,,
MPTEMP,1,0
MPDATA,C,2,,2236
MPTEMP,,,,,,,
MPTEMP,1,0
MPDATA,DENS,2,,846.2
PCIRC,0.15, ,0,360,
PCIRC,0.03, ,0,360,
FLST,2,2,5,ORDE,2
FITEM,2,1
FITEM,2,-2
AOVLAP,P51X
NUMCMP,ALL
/PNUM,KP,0
/PNUM,LINE,1
/PNUM,AREA,0
/PNUM,VOLU,0
/PNUM,NODE,0
/PNUM,TABN,0
/PNUM,SVAL,0
/NUMBER,0
!*
/PNUM,ELEM,0
/REPLOT
!*
LPLOT
FLST,5,4,4,ORDE,2
FITEM,5,5
FITEM,5,-8
CM,_Y,LINE
LSEL, , , ,P51X
CM,_Y1,LINE
CMSEL,,_Y
!*
LESIZE,_Y1, , ,8, , , , ,1
!*
```

```
FLST,5,4,4,ORDE,2
FITEM,5,1
FITEM,5,-4
CM,_Y,LINE
LSEL,,,,P51X
CM,_Y1,LINE
CMSEL,,_Y
!*
LESIZE,_Y1,,,32,,,,1
!*

TYPE,   1
MAT,        1
REAL,
ESYS,       0
SECNUM,
!*
MSHAPE,0,2D
MSHKEY,1
!*
CM,_Y,AREA
ASEL,,,,        1
CM,_Y1,AREA
CHKMSH,'AREA'
CMSEL,S,_Y
!*
AMESH,_Y1
!*
CMDELE,_Y
CMDELE,_Y1
CMDELE,_Y2
!*

TYPE,   1
MAT,        2
REAL,
ESYS,       0
SECNUM,
!*
MSHKEY,0
!*
CM,_Y,AREA
ASEL,,,,        2
CM,_Y1,AREA
```

```
CHKMSH,'AREA'
CMSEL,S,_Y
!*
AMESH,_Y1
!*
CMDELE,_Y
CMDELE,_Y1
CMDELE,_Y2
!*
FINISH
/SOL
!*
ANTYPE,4
!*
TRNOPT,FULL
LUMPM,0
!*
!*
TIME,0.01
AUTOTS,-1
DELTIM,0.01, , ,1
KBC,0
!*
TSRES,ERASE
TIMINT,1
TINTP,0.005, , ,1,0.5,0.2,
!*
ESEL,S,MAT,,1
NSLE,S
FLST,2,81,1,ORDE,2
FITEM,2,1
FITEM,2,-81
!*
/GO
D,P51X, ,100, , , ,TEMP, , , , ,

ESEL,S,MAT,,2
NSLE,S
FLST,2,4361,1,ORDE,4
FITEM,2,1
FITEM,2,-32
FITEM,2,82
FITEM,2,-4410
!*
```

```
/GO
D,P51X, ,10, , , , ,TEMP, , , , ,
ESEL,S,MAT, ,2
NSLE,S
FLST,2,4361,1,ORDE,4
FITEM,2,1
FITEM,2,-32
FITEM,2,82
FITEM,2,-4410
/GO
!*
SF,P51X,CONV,2,10
ALLSEL,ALL
/STATUS,SOLU
SOLVE
TIMINT,1
TINTP,0.005, , ,1,0.5,0.2,
!*
DELTIM,26,2,200
OUTRES,ERASE
OUTRES,ALL,10
AUTOTS,1
TIME,360000
FLST,2,4410,1,ORDE,2
FITEM,2,1
FITEM,2,-4410
DDELE,P51X,TEMP
ALLSEL,ALL
SAVE,'8-2 example transient start','db','E:\'
/STATUS,SOLU
SOLVE
SAVE,'8-2 example transient end','db','E:\'
FINISH
/POST1
SET,LAST
!*
/EFACET,1
PLNSOL, TEMP,, 0
```